防灾，原来如此！

《第一财经》杂志·未来预想图／赵慧 主编

東方出版社

为了下一次不再措手不及

为了让逝去的生命不只是数字

我们从现在开始做好准备

《第一财经》生活方式项目·未来预想图

《防灾，原来如此！》

| 联合发起 |

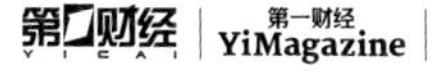

| 合作伙伴 |

CITIZEN

BETTER STARTS NOW

专家审稿团队

公共卫生领域

李忠民

吉林大学医学部预防医学教授，曾就职于吉林大学公共卫生学院流行病与卫生统计教研室，任校督导组专家。主要承担预防医学等专业的教学工作。1978年考入白求恩医科大学卫生系，1983 年毕业留校任教，2018年退休。重点研究领域为慢性病流行病学及环境流行病学方向。在国内外期刊发表论文近百篇，培养出 50 多位硕士研究生。

2002 年至 2011 年，以首席研究员（兼）的身份在韩国首尔国立大学医学研究院工作。

防灾救援领域

史成和

毕业于第三军医大学，原海军总医院海战伤救治研究中心主任，硕士生导师。现为海军装备部职称评审委员、海军特勤人员保健医学专业委员会委员、中国医学救援协会水系灾害救援分会副秘书长、海军陆战队野外生存教官等。

—

陈汉信

深圳壹基金公益基金会灾害管理部高级项目经理，长期从事校园安全管理和安全教育工作，负责儿童平安小课堂、减灾示范校园的项目设计、内容开发、实施管理等工作。

—

於若飞

现任甘肃省、宁夏回族自治区蓝天救援队督导官、甘肃省蓝天救援队队长，具有联合国国际安保部外勤安全高级资质，美国 CERT（社区应急响应小组）培训师。曾参加中国国际救援队、中国国家地震紧急救援训练基地等相关单位的专业救援培训，参与过雅安地震、岷县地震、云南鲁甸地震、尼泊尔地震、缅甸水灾搜救等救援行动 140 多次。

TEAM · EDITORIAL, BRANDING & DESIGN

主编 Editor in Chief
赵慧 Zhao Hui
—
编辑 Editor
肖文杰 Xiao Wenjie
—
视觉总监 Creative Director
戴喆骏 Dai Zhejun
—
设计总监 Design Director
徐春萌 Xu Chunmeng
—
新媒体设计总监
New Media Design Director
王方宏 Wang Fanghong
—
资深美术编辑 Senior Designer
景毅 Jing Yi
—
插画 Illustrator
于瑒 Yu Yang
唐雅怡 Tang Yayi
—
资深图片后期制作 Senior Photo Art
李靓 Li Liang
—
品牌经理 Branding Manager
俞培娟 Yu Peijuan

撰稿人 Correspondents
刘迪新 Liu Dixin / Tokyo /
米川健 Yonekawa Ken / Tokyo /
周思蓓 Zhou Sibei / Tokyo /
侯珺 Hou Jun / Seoul /
曾童心 Zeng Tongxin / San Diego /
刘津瑞 Liu Jinrui / Canberra /
杨舒涵 Yang Shuhan / Edinburgh /
高晴檐 Gao Qingyan / Beijing /
罗西琳 Luo Xilin / Beijing /
汤沐 Tang Mu / Beijing /
吴子衿 Wu Zijin / Beijing /
张凯 Zhang Kai / Beijing /
顾笑吟 Gu Xiaoyin / Shanghai /
励蔚轩 Li Weixuan / Shanghai /
刘舒婷 Liu Shuting / Shanghai /
邢梦妮 Xing Mengni / Shanghai /
马飞羽 Ma Feiyu / Nanjing /
白若晶 Bai Ruojing / Shenzhen /
肖涵予 Xiao Hanyu / Shenzhen /

品牌组 Branding Team
董思哲 Dong Sizhe
刘舒婷 Liu Shuting
罗西琳 Luo Xilin
吕姝琦 Lü Shuqi
乔诗佩 Qiao Shipei
汤沐 Tang Mu
邢梦妮 Xing Mengni
杨享容 Yang Xiangrong
钟昂谷 Zhong Anggu

加入撰稿人团队，
请联系：
dreams@cbnweek.com
—
本书为《第一财经》杂志
“未来预想图”项目 · mook 别册
Special Series of Dream Labo Project
YiMagazine

一本我们能读懂的“防灾应急手册”

by/主编 赵慧

这次疫情，把世界秩序几乎打乱。而除了病痛灾疫，生活中有太多意外，往往让人措手不及。

相信很多人都能感觉到，除了医疗体制、防范预警机制等多方面需要完善，我们也很需要一本面向普通人的“防灾应急手册”，来帮助我们未雨绸缪，提高防灾意识，增加防灾应急的知识与技能，懂得如何在灾后重启生活。

灾难也许无法预知，但我们总能在灾难来临前做好力所能及的准备。所以，我们决定制作这本《防灾，原来如此！》。书中采用“插画+说明书”式的叙述，希望能帮助大家更快地理解专业内容。

在这本 mook 中，我们为你设想了各种阅读场景：

如果你只有时间匆匆一瞥，那么，至少可以先看**这些事，你现在就可以做好准备**（P10），它会提纲挈领地指引你直接阅读本书最关键的几个部分。

我们建议你根据家庭状况——比如一个人居住、多人居住，家中有孕妇、老人、孩童等，或者有宠物需要照顾——适当关注**使用场景索引**（P170）

这一部分，它可以指引你阅读特殊群体的防灾注意事项。

我们也建议你和家人坐下来好好商量一下家庭的防灾策略，规划好避难路线，填写**基本信息**（P172），准备好必要的防灾物资。一些物资需要不断更换，以防过期。

当然，我们最想建议的，还是你能仔细阅读全书。**掌握必要的防灾知识和救生常识，不仅可以拯救自己的生命，还可以保护自己生命中重要的同伴们。**

我们衷心希望这本 mook 能让你：

●在灾害发生前未雨绸缪，做好防灾准备；

●在灾害发生时知道如何保护生命安全；

●在灾害发生后，知道如何获得援助、尽快恢复正常生活。

在此次制作过程中，我们非常感谢专家审稿团队为本书内容提供专业支持。同时也感谢合作伙伴西铁城第一时间响应我们的号召，与我们共同完成此次内容的制作与传播。

我们也希望，能从我们这个小小的努力开始，通过各方号召，让更多组织与机构意识到防灾的重要性，建立更加完善的防灾制度与支援体系。

为了下一次不再措手不及，为了让逝去的生命不只是数字，我们从现在起做好准备。

IN THIS MOOK

目录

预备！
这些事，你现在就可以做好准备

防灾储备

预防地震，你至少需要储备这些物品 P58

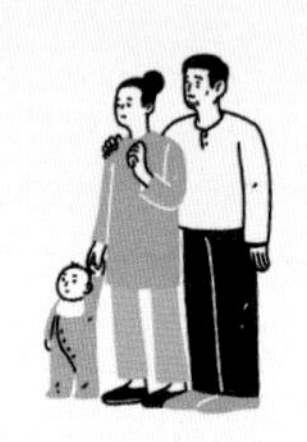

一家人至少需要储备这些物品 P60

储备物品时需要注意哪些事 P62

未雨绸缪！你可以准备一个应急包 P64

临危不乱！提前收纳好重要物品 P66

该为宠物准备什么 P70

防灾准备

室内可以做哪些防震准备
P68

确认灾害时的避难场所
P72

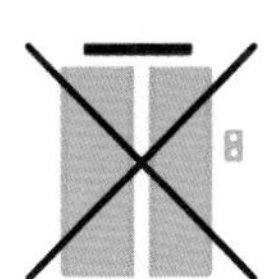

你做到这些防火检查了吗
P83

填写家庭信息
P172

公共卫生事件，主要指突然发生，
造成或者可能造成对社会公众健康产生严重损害的事件，
包括重大传染病疫情、群体性不明原因疾病、
重大食物和职业中毒等。
在这一部分，我们将以传染病为主要分析对象，
介绍基础防护知识，以及重建生活时需要注意的地方。

另外，除了掌握具体知识和技能，
我们更希望大家树立忧患意识。
在发生公共卫生事件时，
公众既是救护的对象，也是自救、救人的主体。
日常做好公共卫生知识储备，
可以帮助我们在面对突发公共卫生事件时做出迅速、正确的反应。

PART 1

如果发生
公共卫生事件，
该怎么办

什么是传染病

传染病（infectious diseases）是由各种病原体引起的能在人与人、动物与动物或人与动物之间相互传播的疾病。

不是所有传染病都需要害怕

具有传染性的疾病很多，流行性感冒就是其中之一。但并非所有传染病都会引起人们的注意，一些传染性低，临床症状较轻，病死率较低的传染病，往往“悄悄地来，悄悄地走”。

传染病防护“三要素”

做好三件事，防治传染病：①控制传染源；②切断传播途径；③保护易感人群。尤其需要关心传播途径，它们包括：介质传播（空气、水、食物、土壤等），接触传播（接触传染源、接触传染源的分泌物或排泄物等），媒介传播（经节肢动物蚊虫等），医源性传播，母婴传播等。

传染病有哪些

根据传播方式、传播速度及对人类危害程度，中国将传染病分为甲、乙、丙三级。甲类传染病包括鼠疫和霍乱，要求强制管理；乙类传染病要求严格管理，比如麻疹、结核病、人感染禽流感（以 H7N9 为例）、传染性非典型肺炎（SARS）、新型冠状病毒感染引发的肺炎（COVID-19）等；丙类传染病要求监测管理，比如流行性感冒。

流行性感冒（流感）

一种由流感病毒引起、易人际传播的呼吸道疾病。甲型（如 H1N1）和乙型流感病毒具有季节性流行的特征。甲型流感病毒经常发生抗原变异，极易引发大范围流行。流感易通过咳嗽、打喷嚏等产生的飞沫传播。在温带地区，季节性流行主要发生在冬季。而在热带地区，全年均可发生流感，疫情暴发无时间规律。流感的症状包括：突发高热，咳嗽（通常是干咳），头痛，肌肉和关节痛，严重身体不适，咽痛和流鼻涕，但多在一周内康复。严重时，咳嗽可持续两周或两周以上。在孕妇、老人、慢性病患者等高风险人群中可能导致严重疾病或死亡。流感疫苗接种是最有效的预防方法。患病后，建议尽早接受抗病毒药物治疗。

人感染 H7N9 禽流感

H7N9 禽流感是一种新型流感。传染源尚不明确，推测可能为携带 H7N9 禽流感病毒的禽类及其分泌物或排泄物。世界卫生组织（WHO）认为“迄今没有迹象表明该病毒能在人际间传播”。H7N9 禽流感易通过密切接触染病禽类的分泌物或排泄物等，传播于呼吸道。表现为流感样症状，如发热、咳嗽、少痰，可伴有头痛、肌肉酸痛和全身不适。重症患者病情发展迅速，表现为重症肺炎、高烧、呼吸困难，甚至血痰。目前尚无疫苗。

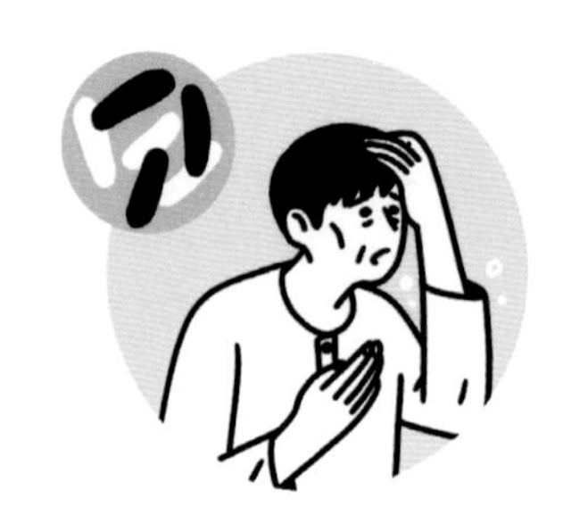

结核病

一种肺结核杆菌引发的疾病。主要易感人群为成年人，但所有年龄组都会发生，免疫力低下的患者为高危群体。结核杆菌容易通过咳嗽、打喷嚏、与病人密切接触或直接接触病人的鼻咽分泌物等方式传播。全球大约四分之一的人口患有潜伏性结核，这意味着这些人已经携带了结核杆菌，但尚未发病，也不具有传染性。结核菌感染者在一生中发病的概率为 5% — 15%。患病后，主要表现为低热、盗汗、乏力、纳差（食欲不振）、消瘦、女性月经失调等；呼吸道症状有咳嗽、咳痰、咯血、胸痛、不同程度的胸闷或呼吸困难。可以通过抗生素治疗结核病，也可以注射疫苗预防。

严重急性呼吸综合征（SARS）

一种冠状病毒引发的呼吸道传染病，传染性极强，病情进展快速。2002 年 11 月，SARS 在中国首次出现。传播途径为近距离飞沫传播、中距离以空气为媒介的传播，以及接触病人分泌物、排泄物。主要症状为发热、干咳、胸闷，严重者出现快速进展的呼吸系统衰竭。目前暂无疫苗或特效药。

麻疹

由麻疹病毒引起的在人类间传播的疾病。常见于非洲、亚洲，小于 5 岁的儿童为易感人群。一般通过直接接触或飞沫传播。主要症状为：流涕、咳嗽、高烧、眼结膜充血、流泪以及颊黏膜上出现小白斑，中后期，面部和上颈部会出现皮疹并逐渐扩散至全身。

中东呼吸综合征（MERS）

中东呼吸综合征冠状病毒是一种在动物与人类之间传播的人畜共患病毒。2012 年首次在沙特得到确认。人类可通过与受感染的单峰骆驼直接或间接接触，或食用未经适当烹饪或消毒的动物产品而受感染。不易人传人，但有慢性病、基础疾病的人群以及 60 岁以上的老年人易受感染。症状表现为发热、咳嗽和气短，常出现肺炎。目前尚没有疫苗或者特效药。

埃博拉出血热

（Ebola Hemorrhagic Fever）

一种由埃博拉病毒引发的疾病。埃博拉病毒通过感染动物的血液、分泌物、器官或其他体液传染给人。存在人传人现象，主要通过破损的皮肤或黏膜传染。直接接触埃博拉患者或死者的血液、体液及受其污染的物品，很容易感染。埃博拉出血热的初期症状包括发烧、头痛、肌肉疼痛、呕吐、腹泻以及出疹，病情恶化后会出现肝衰竭、肾衰竭，之后出现体外出血。根据过往疫情分析，埃博拉出血热的病死率达 50% — 90%。目前尚无疫苗和特效药。

新型冠状病毒感染引发的疾病

（COVID-19）

由新型冠状病毒引发的疾病（COVID-19）。各类人群都易感，病毒主要通过近距离飞沫传播，或手接触病毒后接触口、鼻、眼传播。潜伏期约为 1 — 14 天，潜伏期内也有传染性。感染者症状主要体现在呼吸道（主要表现为发热、乏力、干咳等症状）和消化道（主要表现为腹痛、腹泻、味觉较弱等症状）。重症患者多在发病一周后出现呼吸困难等临床表现。轻症患者仅表现为低热、轻微乏力等，无肺炎表现。

预防传染病，你可以这么做

尽量少出门

在疾病流行期间，减少与他人的接触，尽量不到人员密集的公共场所活动，尤其是空气流动性差的地方。对于虫媒传染病，应远离水域、潮湿区域和植被密集区。

勤洗手

保持手部清洁是预防、控制疾病通过接触传播和消化道传播最基本且有效的手段。外出归来、饭前便后均应该认真洗手。

干净的手可预防感染

什么时候洗手

- 外出归来
- 接触公共设施或物品后（如扶手、门把手、电梯按钮）
- 戴口罩前及摘口罩后
- 接触过泪液、鼻涕、痰液和唾液后
- 咳嗽、打喷嚏后
- 护理患者前后
- 准备食物前、中、后
- 用餐前
- 如厕后
- 抱孩子、喂孩子食物前，处理婴儿粪便后
- 接触动物或处理动物粪便后

用什么洗手

有明显可见脏污：使用洗手液（或肥皂）和流动的水洗手

脏污不可见：使用洗手液（或肥皂）和流动的水洗手，或使用含有酒精成分的免洗洗手液

如何正确洗手

根据世界卫生组织建议，正确洗手所需的时间为 40—60 秒，详细步骤见下页图示

正确洗手的详细步骤：

1

用水将手打湿

2

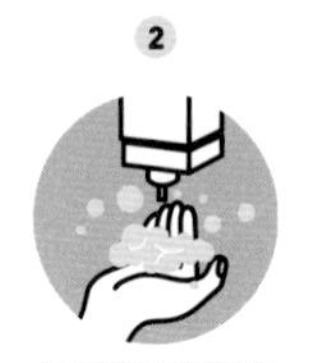

用足够多的肥皂
或洗手液将手抹遍

3

掌对掌搓手

4

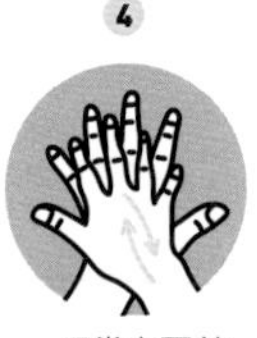

一手掌心覆盖
另一手手背搓洗

5

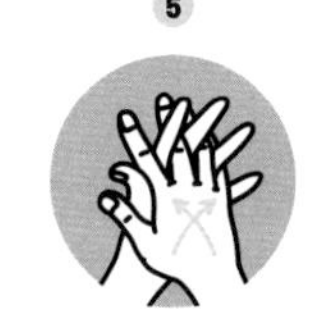

掌对掌，十指交叉揉搓

6

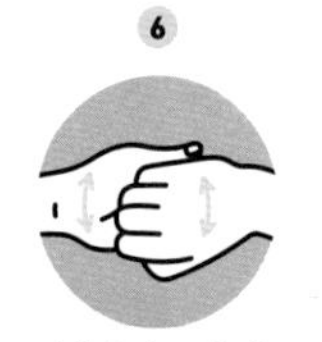

十指相扣，指背
在相对的手掌上揉搓

7

一手大拇指放在
另一手手掌上旋转揉搓

8

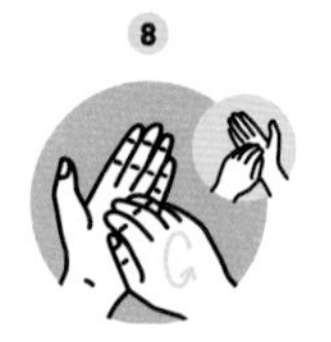

一手五指并拢贴于
另一掌心，来回揉搓

9

用水冲净双手

10

用一次性纸巾
将双手彻底擦干

11

用纸巾将水龙头关闭

12

现在你的双手是干净的

居家清洁和消毒

门把手、手机、电视遥控器、桌面、地面等高频接触的表面，应每天清洁，必要时（如有客人来访时）可以用 75% 的酒精或 84 消毒剂等擦拭消毒（按产品说明书使用）。用酒精消毒时应注意避免火灾隐患。要注重下水管道的消毒，并保持室内干燥、通风，防止蚊虫滋生、病毒传播。

保证食品和饮用水的卫生

区分加工熟食与生冷食材的砧板、刀具；充分加热鱼、肉类；水需要煮开后再饮用；使用消毒过的餐具；洗手前不要直接接触食物；倡议居家餐饮也使用公筷或分盘制。

接种疫苗

疫苗接种是预防、控制传染病最有效的方法。许多传染病已经有对应的疫苗，应当听从医生建议，及时接种。

提高自身免疫力

提高人体自身的免疫力有助于抵抗各种疾病。保持充足的睡眠、均衡的营养、愉悦的心情，坚持适当的锻炼均能提高免疫力。

随时了解疫情的最新动态

国家和地方公共卫生部门掌握传染病是否在你所在地区传播的最新信息。他们最有资格建议你所在地区的居民如何进行自我防护。

▸ 了解获取疫情信息的方法 > P24

外出防护

PART 1

佩戴口罩

呼吸道传染病主要通过近距离呼吸道飞沫传播。如果你所在的地区正有传染病流行，建议前往公共场所时佩戴一次性医用口罩。病人佩戴口罩也很重要。若你有咽喉疼痛、咳嗽、打喷嚏等呼吸道症状，即使只是一般感冒，为防止传染给他人，也应该佩戴口罩。

如何佩戴、使用、取下和处置口罩

1

戴口罩前要保证手部清洁

用口罩遮盖口鼻并系牢，确保面部与口罩之间无空隙

3

在佩戴过程中避免触摸口罩；若触摸了口罩，请再次清洗双手

4

若口罩变得潮湿，应立即换上新口罩，不要重复使用一次性口罩

5

取下口罩：手不要触摸口罩面，通过两端线绳取下口罩，然后立即丢进封闭的垃圾桶，并清洗双手

出行方式

尽量采取驾驶私家车、骑自行车或步行的方式出行，减少乘坐公共汽车、地铁等公共交通工具。乘坐公共交通工具时，戴好手套、口罩，与周围乘客保持距离。

保持社交距离

与他人保持至少 1 米的距离，尤其注意与咳嗽、打喷嚏和发热的人保持距离。呼吸道疾病患者咳嗽、打喷嚏时，会溅出含病原体的飞沫。如果离得太近，就可能感染病原体。

咳嗽、打喷嚏时须注意

咳嗽、打喷嚏时，用弯曲的肘部遮挡口鼻，或用纸巾遮掩。不要用手捂口鼻，以免沾染细菌、病毒的手接触口、眼、鼻，造成疾病传播。

外出就餐

选择卫生条件好的餐厅。与他人一同就餐时，采取分餐制并使用公筷。尽量自行携带餐具或使用一次性餐具。

就医流程与指南

通常可以在这些地方看到信息的更新与发布

- 各省、自治区、直辖市卫生健康委员会网站
- 各地政府官方微博和微信公众号
- 世界卫生组织网站

求助渠道

疫情期间，请随时通过上述信息发布平台获取自己所在地区的咨询热线号码。你也可以通过拨打 12345 便民服务热线得到初步指引，或查看各家医院是否开通在线咨询服务。

寻求治疗时应注意

- 冷静判断是否需要就诊，避免增加医疗负担和自身感染风险
- 在就诊途中做好防护，保护自己也保护他人

疾病大流行时的就诊流程（以新型冠状病毒肺炎为例）

●若开始感觉不适，但症状轻微（如有咳嗽、咽痛等上呼吸道感染症状），先判断，14 天内是否有新冠肺炎传播地区旅行居住史或密切接触史：

是 -> 应立即前往附近的发热门诊就诊

否 -> 居家静养，直至康复

●各地区发热门诊名单可在各省、自治区、直辖市卫生健康委员会官网查询。

●就诊注意事项

前往和从医院返回途中：尽量避免乘坐地铁、公共汽车等公共交通工具，避免前往人员密集的场所。

就诊时：

请直接前往发热门诊，避免在医院其他区域活动；

应主动告诉医生自己的旅行居住史、密切接触史，配合医生开展相关调查。

疫情期间，在工作场所需要注意什么

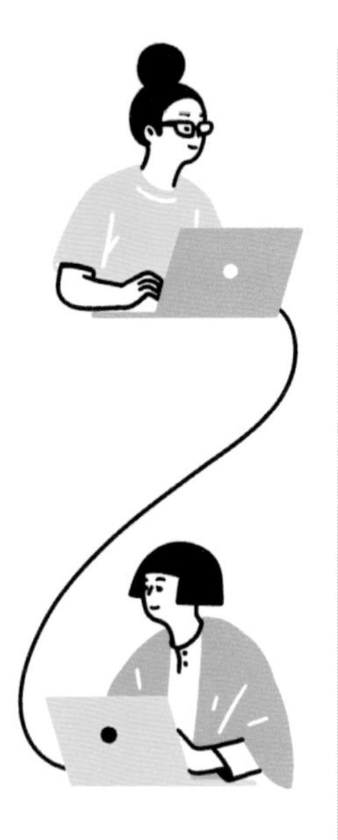

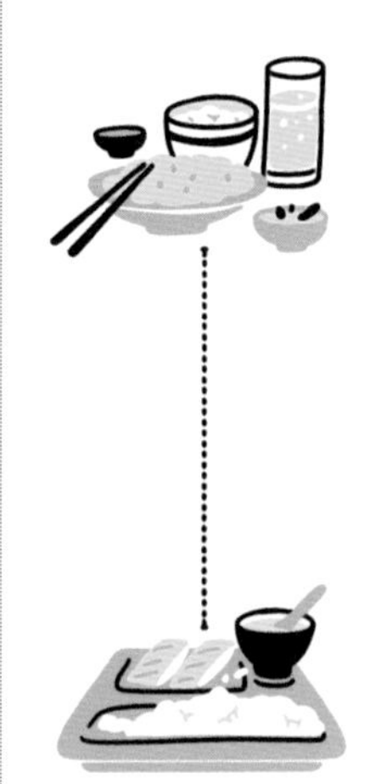

尽量远程办公，减少面对面接触。如前往工作场所，要先了解外出防护的注意事项。

▶ 了解外出防护的注意事项 > P22

在食堂、餐厅就餐时，注意和他人保持一定距离。

企业应注意员工的身体状况，禁止患病员工进入公共工作场所；降低工作场所人员密度，对公共区域定期消毒；提供口罩、消毒剂等防疫物资。

你可能出现的心理和躯体症状

PART 1

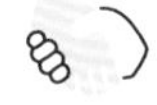

战斗或逃跑反应（Fight-or-flight Response）

大脑极度警觉，消化系统停止反应，处于高代谢状态。

急性应激反应（ASD）

创伤性事件造成的麻木、情感迟钝、意识混沌、严重的焦虑和抑郁情绪。

失眠

难以入睡或难以维持长时间深度睡眠。

广泛性焦虑

过度、持续的担忧，可能表现为恐惧、易被激怒、易疲劳或肌肉紧张。

心境障碍

可能表现为抑郁发作，情绪低落，懒言少语，缺乏动力。

强迫行为

重复进行明知过分但无法克制的行为，例如过于频繁地检查防护措施，反复洗手、洗澡等。

疑病症

怀疑自己染病，即便经检查排除染病可能，依然无法放心。

▶ 了解不良情绪反应与心理援助方式 > P156

如何帮助儿童调整心理状态

儿童在特殊时期可能会表现出不安定的心理状态。帮助儿童调整心理状态，你可以做的是：

- 在儿童面前要保持镇定，不将自己的压力转移到儿童身上。
- 陪伴，让儿童通过游戏或故事放松。
- 用儿童听得懂的语言科普正在发生的公共危机或灾害。
- 教儿童做放松肌肉的练习，例如深呼吸。

了解儿童不良情绪反应与心理援助方式 > P157

地震是常见自然灾害之一。
这个部分以地震为例，
希望大家可以建立科学认识自然灾害发生发展的意识，
按照自然灾害的不同阶段，
实施防灾、减灾、救灾、灾后重建的学习和演练。

在城市中，地震造成的伤亡主要由建筑物的倒塌引发。
在自然界，地震可能造成海啸和山体滚石滑坡。
因此，当我们在户外活动、遭遇地震时，要尽快远离海边、山脚。
地震来临时，我们要迅速反应，及时采取保护措施；
在地震中被困时，我们要节约体力，以规律性敲击积极求救。

需要格外注意的是，在地震中获救后，
要防范挤压综合征——
人体四肢或躯干等肌肉丰富的部位遭受重物长时间挤压，
在挤压解除后，身体会出现的一系列病理、生理改变。
如不及时处理，后果常较为严重，甚至导致患者死亡。

PART 2

以地震为例
——你需要知道什么

如何判断地震是否发生

PART 2

并非所有的地震都伴随剧烈晃动。但有明显震感时，需要迅速采取避难措施。不要心存侥幸，否则会错过最佳避难时机。2008 年汶川地震后，中国地震预警机制有了很大改进，但地震仍然难以预测。你可以查看所在地区的地震活动，下载地震预警 App，了解居住地防灾预警措施。

“地震预警”App

iOS 版

安卓版

地震预警 App 由成都高新减灾研究所开发，目前已覆盖中国 31 个省区市。预警系统能够在地震波及你所在区域前几秒至几十秒内预警，为人们争取避灾时间。

中国地震台网

http://news.ceic.ac.cn/index.html?time=1584789397

在网站“历史查询”模块输入经纬度，即可查询所在地区的地震活动。

▸了解你所在的地区是否为地震多发地

> P143

地震发生时 你需要做什么

地震发生时，避免慌乱

地震往往来得突然，为避免陷入慌乱，平时应尽可能多地参加地震演练。另外，国内多地设置有地震体验馆，通过模拟地震发生时的场景，提高适应能力，以减少由于慌乱所做出的行为。

保护自己，迅速行动

远离窗户、阳台、非承重墙，寻找可以避开易破碎、易倒塌、易坠落物品的地方**躲避，蹲下或者跪下，**保护头部和呼吸道。单手**抓牢**遮挡物，避免地震摇晃时遮挡物移动。

不要贪恋财物，不要犹豫

平时养成将重要物品放在一起的习惯。逃生时如果情况紧急，优先逃生，再考虑财产安全。

▶**查看应该提前准备的重要物品 > P66**

地震后
你需要做什么

摇晃停止后再撤离

摇晃停止后，撤离到附近的避难场所、临时救助站、广场，听从紧急救援人员的指挥。撤离时不要使用电梯。强震过后，常有大量余震发生，不要轻易返回建筑物内。

▸**查看中国各地地震避难场所信息 > P72**

避开室内悬挂物、不稳定的摆放物，小心玻璃碎片

避开悬挂物和不稳定的摆放物。穿结实的鞋子，避免被玻璃碎片划伤。

打开门窗

防止地震造成门框扭曲变形而难以打开。

熄灭明火，关闭电源 、煤气

地震后，室内炉灶起火或电器短路容易引发火灾。所以，地震发生前若在室内使用明火，应立即熄灭。记得关闭电源、煤气，或拉下电闸。若没有机会，行动时应当尽量远离电线。如果已经起火，应在火势较小时尽快扑灭。

带上应急包

提前准备应急包，以备不时之需。

了解如何制作应急包 > P64

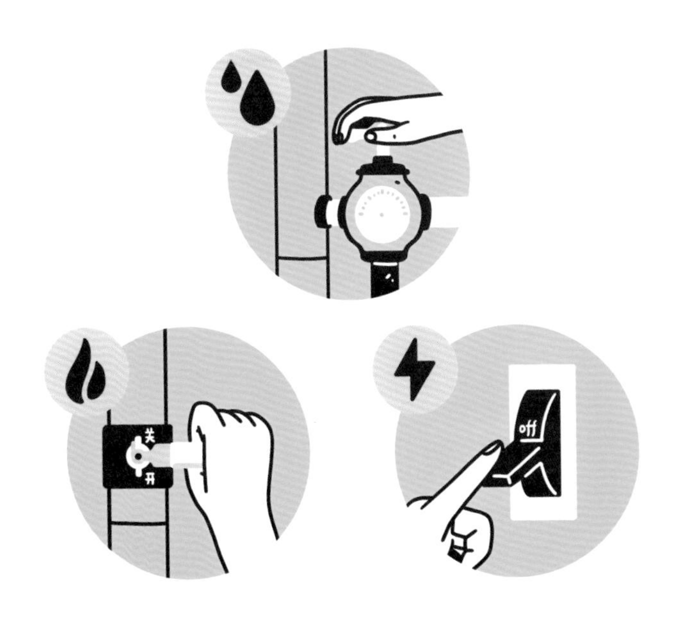

室内也有很多潜在危险

提前了解建筑物的抗震能力

若居住在地震带或者地震多发地区，应提前了解所在建筑物的抗震能力及建筑物使用年限。

中国不同地区有不同的抗震标准。此外，抗震设计、建筑材料（钢筋混凝土结构还是砖混结构）、施工质量等因素都会影响房屋的抗震能力。

提前了解承重墙所在位置

室内避险时尽可能靠近承重墙。应提前了解自己所处建筑物（办公室、居住房屋）的承重墙的位置。

客厅、餐厅

地震时，墙面悬挂、高处摆放的物品都有砸伤人的可能性，注意避开它们。摇晃停止后，记得穿上结实的鞋子，以免被玻璃碎片划伤。

厨房

地震发生时如果正在用火，应立即熄灭。厨房中，柜子、碗碟、冰箱等都有可能伤到人，应寻找安全的地方躲避。摇晃停止后，迅速关闭电源、煤气，远离炉具、燃气管道，当心破碎的餐具。

厕所 / 浴室

洗浴时遇到地震，裸露在外的皮肤容易受伤。立即打开门。用脸盆、毛巾等物品保护自己，尽快穿好衣物。保护头部，远离可能掉落的镜子、摆放在台面或架子上的物品和淋浴喷头。

卧室

若地震发生时正在睡觉，来不及逃离，可以用枕头护住头部，俯身藏于床边。平时养成在床头柜上放置应急物品的习惯。减少床与门之间的障碍物，确保出现紧急状况时能够逃生。

外出时
要注意的潜在危险

了解所在地区地震发生的历史，以及当地的地形。地形不同，地震时会伴生不同的次生灾害。地震发生时，可以遵循这些原则：避开易碎的玻璃制品，如窗户、镜子，在坚固的墙体边或支撑物下避难；地震摇晃缓解之后，在条件允许的前提下，尽量选择到开阔地带避灾。

街道

地震发生时，要远离一切可能坍塌的建筑物，例如高大建筑、过街天桥和立交桥。尤其要避开有玻璃幕墙的建筑，防止被碎玻璃击伤。要远离高耸建筑物和悬挂物，如变压器、电线杆、路灯、广告牌、吊车臂等，避免被坠物砸伤。还要远离狭窄的街道、危旧房屋及围墙、存放易燃易爆品的仓库、木料砖瓦堆放处等。震动停止后，要转移到公园等开阔地带，不要轻易返回室内。

办公室

地震时，为保持身体平衡和安全，要在结实牢固的桌边、墙角等处抱头蹲下。切勿跳楼逃生，以免摔伤。也不要乘坐电梯，以免被困。待震动结束后，再通过安全楼梯向室外疏散。

山区

地震可能引发山体滑坡、泥石流等次生灾害。如果遇到山崩、落石，要沿着与岩石滚动垂直的方向跑。不要向山下跑，以免被快速下落的岩石击中。来不及逃跑时，也可躲在结实的障碍物后，或蹲在地沟里、坎下；特别要保护好头部，以免被飞石击伤。

如果遇到泥石流，同样要沿着与泥石流垂直的方向向山坡上跑。由于泥石流具有强冲刷性，不要在土质松软的斜坡、河岸边停留。

教室内

地震引发强烈晃动时，如果在教室内，可以先躲避在课桌下、讲台旁，用一只手或书包保护好头部，另一只手抓住遮蔽物。头顶没有桌面保护自己时，可以蹲下或者跪下，双手交叉护住头部，用手心护住后脑勺部位；同时，用两小臂内侧护住太阳穴，然后两手肘往胸部方向靠近，以护住前胸。如果课桌不够稳定，需要腾出一只手抓住桌腿。如果在走廊里，要避开窗户，避免被玻璃割伤。在扶梯边抓好扶手，以免摔倒。等到震动停止，可听从老师指示，迅速离开教室，到开阔地带避震。

海边 / 水边

地震也可引发海啸、河湖决堤等次生灾害，因此在地震后要尽快向远离水域的高处转移。如不幸落水，要利用漂浮物逃生。

行驶的电（汽）车内

地震发生时，行驶中的车辆会难以控制方向。司机应立即减速，选择安全地点及时停车。乘客应抓牢扶手，尽量降低重心，以免摔倒或撞伤。待震动停止后，应立即下车，到安全的开阔地带避震。

公共场所

地震时，如果你身处商场、饭店、书店、展览馆等公共场所，应选择在牢固结实的柜台边、柱子边、内墙角处就地蹲下。如果在影剧院、体育场馆等地，可以蹲在座椅旁或舞台下。在震动停止后，听从指挥有序疏散，切忌拥挤，避免发生踩踏事故。

电梯内

地震时如果在电梯中，要尽快将操作盘上所有楼层按钮全部按下。只要电梯在楼层适当位置停下，就要立即开门离开，寻找安全处避难。如果被困在电梯中，应立即通过电梯中的专用电话与管理室联系并求助。

地铁站中

地震发生时，如果你在地铁站内，不要拥挤，避免摔倒、冲撞和踩踏事故发生。要远离轨道，倚靠柱子或在墙角蹲下，保护好头部。如果你在行驶的地铁车厢内，要牢牢抓住扶手、座位等，放低身体重心以防摔倒。待震动停止后，根据工作人员和疏散标志的指引，有序撤离。

高架桥 / 桥梁 / 隧道

地震时要立即靠边停车。若在高架桥或桥梁上，震动停止后，应就近寻找匝道口离开；若在隧道中，应尽快驶离隧道。若隧道内无法通行，要尽快下车，步行寻找隧道内的逃生门离开。

地震时的“YES”与“NO”

NO！不可以这么做

不碰电源开关，避免火灾发生的危险。

不要点火，不要使用煤气。地震可能损坏煤气管道，导致煤气泄漏。

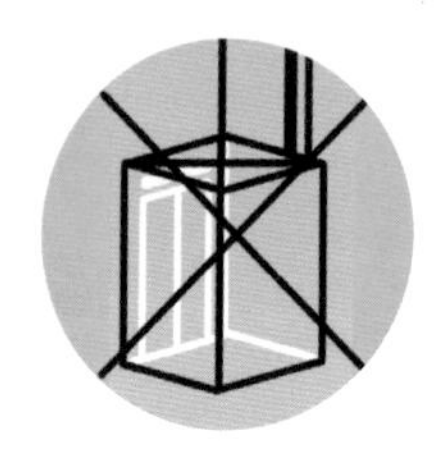

不要乘坐电梯。地震可能导致停电；一旦断电，会被困在电梯内，甚至有厢体坠落的风险。

在家中躲避时，不要靠近窗边或阳台。避免被碎玻璃砸伤。

在学校建筑物内逃生时，不可乱跑、跳楼。

强震后一般都有大量余震，短时间内不要轻易返回室内。

YES！你可以这么做

听从救援人员指挥。

从可靠的渠道获取灾情最新信息。

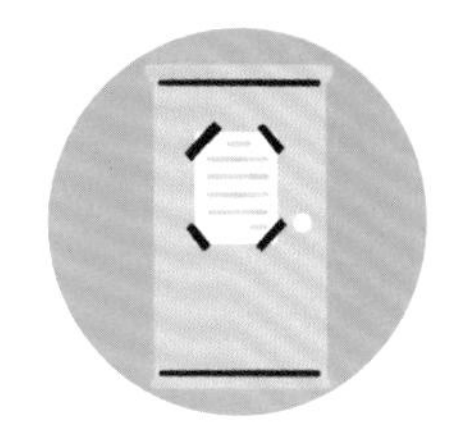

可以在门上贴纸条，告知他人自己的安全状况。

提前与家人约好灾情发生时的见面地点。受灾时，及时与家人和朋友取得联系。

确认邻居的安危，及时互相救助。

发生地震时的简易决策流程

地震发生，立即躲避

晃动停止后

所在建筑物未垮塌

消除火灾风险，确认地震震级、余震信息，判断是否应外出避难

建筑物已垮塌

自己被埋在废墟下

逃生成功，周围有人被埋在废墟下

地震应急三原则

●**蹲下：**为了避免地震晃动时摔倒，蹲下或跪下。

●**掩护：**寻找可以避开易破碎、易倒塌、易坠落物品的地方躲避。

●**抓牢：**单手抓住遮挡物，避免地震晃动时遮挡物移动。

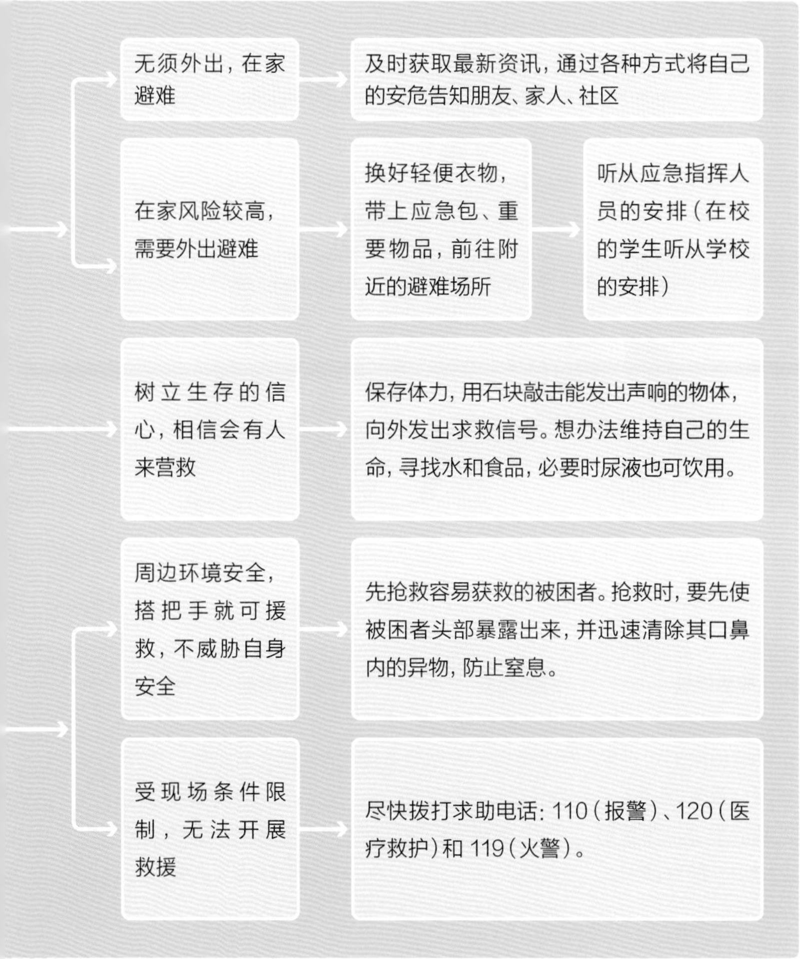

- 无须外出，在家避难 → 及时获取最新资讯，通过各种方式将自己的安危告知朋友、家人、社区
- 在家风险较高，需要外出避难 → 换好轻便衣物，带上应急包、重要物品，前往附近的避难场所 → 听从应急指挥人员的安排（在校的学生听从学校的安排）

- 树立生存的信心，相信会有人来营救 → 保存体力，用石块敲击能发出声响的物体，向外发出求救信号。想办法维持自己的生命，寻找水和食品，必要时尿液也可饮用。

- 周边环境安全，搭把手就可援救，不威胁自身安全 → 先抢救容易获救的被困者。抢救时，要先使被困者头部暴露出来，并迅速清除其口鼻内的异物，防止窒息。
- 受现场条件限制，无法开展救援 → 尽快拨打求助电话：110（报警）、120（医疗救护）和119（火警）。

在家避难要注意什么

确认家中条件

家中物资充足、房屋无倒塌风险时可在家避难。平时做好在家避难的准备，储存足量物资，都有助于应对地震。

物品准备

水、电、煤气可能无法使用。事先准备好手电筒、瓶装饮用水、应急食物、日用品等物资。

▶查看家庭储备物品清单

> P58/60

其他准备

地震发生后，下水道可能无法使用。使用厕所时需要提前确认。

▶了解供水中断应对策略与制作简易厕所的方法

> P131/134

在避难场所，哪些人群需要特别注意

女性

避难时，可能不方便换洗衣物。需要母乳喂养小孩的女性，以及怀孕中的女性，都需要注意保护个人隐私，也要注意卫生。

应急包物资检查

▸常规物资清单 > P64

特殊物资

- ☐ 卫生用品
- ☐ 日常药品

个人信息卡

- ☐ 基本信息
- ☐ 紧急联系人
- ☐ 血型

▸了解如何制作简易卫生巾 > P136

小孩

儿童很难长时间待在一个地方。给他们活动的时间，同时谨防走失。婴儿可能会哭闹，可以提前备好玩具，并及时关注婴儿的情绪变化与需求。

应急包物资检查

▸常规物资清单 > P64

特殊物资

- ☐ 卫生用品 ☐ 玩具
- ☐ 奶瓶与奶粉（婴儿）

个人信息卡

- ☐ 基本信息
- ☐ 紧急联系人
- ☐ 血型

▸了解如何制作简易尿布 > P137

老人

老年人不一定会主动说出自己的需求。多和他们沟通，消除他们的孤独感与不安。

应急包物资检查

▸常规物资清单 > P64

特殊物资

- ☐ 日常药品
- ☐ 医疗器械
- ☐ 卫生用品
- ☐ 软性食品（速食粥）

个人信息卡

- ☐ 基本信息
- ☐ 紧急联系人
- ☐ 常去的医院
- ☐ 血型
- ☐ 基础/慢性疾病
- ☐ 过敏史

去避难场所避难要注意什么

事先查询好所在地的应急避难场所。

▸查看附近的避难场所 > P72

地震发生后，若需要外出避难，注意听从所在地应急指挥人员的安排，遵守秩序，避免争抢。

避难时，注意保管个人财物。

尊重隐私，互相帮助。

到指定地点抽烟。

宠物饲主应与管理者冷静沟通，居民之间相互理解，照顾好宠物，注意不要伤及他人。

保持公共卫生，共同维护环境。

如何回归正常生活

恢复工作

关注国家、所在地政府的政策，有助于减少个人或企业在灾害中遭受的损失。2008 年汶川地震时，国务院就曾出台政策，划拨资金，支援个人及受影响的企业。

恢复学业

因灾害导致学费、生活费出现问题时，多关注学校、政府相关政策，寻求助学贷款等支持。

▸了解如何获得灾后教育援助
> P150/151/154

面对死亡

地震后，很多人可能会面对灾后心理创伤。从地震中逃生、在灾难中失去亲人、参与地震救援等经历，都有可能带来创伤。关注自己的情绪，无助、混乱、焦虑、恐惧、悲伤……这些情绪都可能出现，必要时及时寻求心理援助。

预防地震，你至少需要储备这些物品

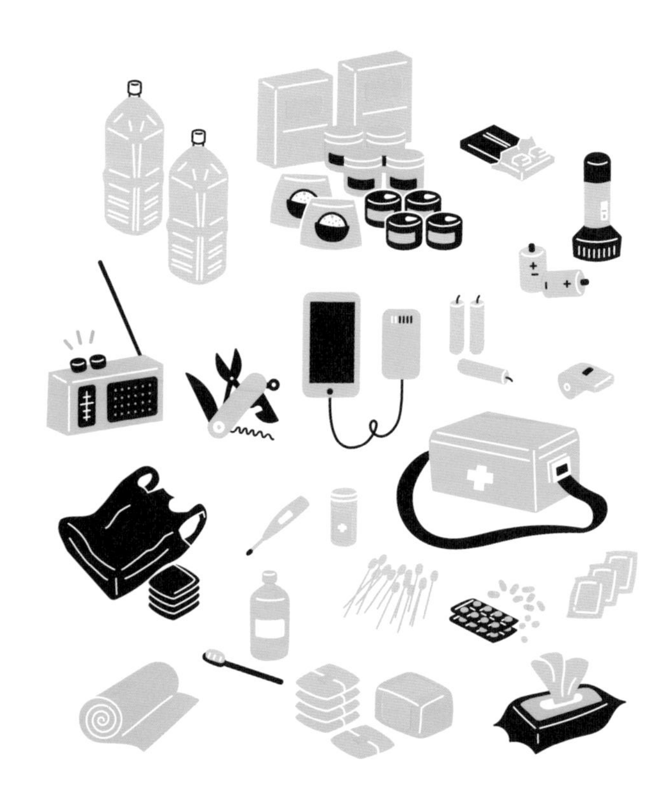

本清单为“最低限度”的储备建议，你可以在此基础上，结合居住地和个人实际情况作出相应调整，或按照本清单的思路和家人共同拟定家庭应急物品储备清单。

应急物品最低限度储备清单

物品种类		物品名称	说明
水和食物		☐ 饮用水 ☐ 食盐、酱油等调味品 ☐ 方便食品（压缩饼干、蛋白质棒） ☐ 罐头食品（罐头汤、罐头小菜、罐头水果）、袋装熟食 ☐ 巧克力、奶酪等高热量食品	储备足够全家食用至少3天的食品和足量的饮用水。选择便于保存和食用的即食食品。食品在未拆封状态下可放入食品保鲜袋一起保存。食品保鲜袋也可用于短时间保存剩余食物
生活物资	个人用品	☐ 个人衣物（至少每人一件防水、御寒的外衣） ☐ 一次性内衣裤 ☐ 旅行洗护套组	
	其他用品	☐ 清洁用品（纸巾、湿纸巾、塑料袋、保鲜袋、保鲜膜） ☐ 生理用品（卫生巾、卫生棉条、简易厕所）	没有保鲜袋时，可将物品用塑料袋打包。塑料袋也可作为制作简易厕所的材料
应急工具		☐ 收音机 ☐ 手电筒 / 应急灯 / 长明蜡烛 ☐ 手机备用电池、数据线 ☐ 干电池 ☐ 打火机 / 火柴 ☐ 多功能组合刀 ☐ 口哨、激光信号灯	优先选择多功能产品，如含收音机、警报器、充电宝功能的手电筒。优先选择支持多种输入形式的产品，如可手摇、可充电、可内置电池的手电筒。优先选用无核设计的口哨，这样的口哨可发出高频求救哨声
医药用品		☐ 常备药品（感冒药、退烧药、止泻药等非处方药） ☐ 正在服用的处方药 ☐ 医疗用品（如碘伏棉棒、酒精棉片、创可贴、体温计等）	

一家人至少需要储备这些物品

我们以生活在中国西南部地区、育有一哺乳期儿童的三口之家为例，准备这份清单。考虑到该地区地震多发，且这户的住宅为高层楼房，我们专门制定了一份家庭应急物品储备清单。根据以往经验，这家人没有按照清单逐一购置物品并收纳在家中，而是**将清单中的物品加入日常采购和消耗环节中，始终使物品处于“有一点富余”的状态，并随时根据生活需要更新清单。**

家庭应急物品储备清单

物品种类	日常储备量	灾害应急储备
适用于当地的必备物品	□ 卡式炉 ×1 台、储气罐 ×6 瓶 □ 直饮水以外的生活用水 □ 果蔬汁和维生素补充剂 □ 保鲜膜 ×1 盒	□ 简易厕所 □ 手电筒 □ 含收音机、警报器、充电宝功能的一体式手摇发电手电筒

家庭应急物品储备清单

物品种类	日常储备量	灾害应急储备
水和食品	□ 2 升装矿泉水 ×9 瓶 □ 速食米饭 ×2 盒、饼干一大袋、干脆面一大袋 □ 鱼罐头 ×6 罐、袋装熟食 ×6 袋、拌饭酱包 ×2 袋 □ 水果罐头 ×4 罐、混合冻干果蔬 ×2 包 □ 巧克力、奶酪棒、混合坚果各 1 包 □ 配方奶 ×20 瓶 □ 辅食果泥 ×3 罐 □ 果蔬汁 ×9 罐 □ 维生素补充片 ×1 盒	□ 压缩饼干一大袋
生活用品	□ 大号塑料袋和垃圾袋各 20 个 □ 纸巾 6 包 ×3 组 □ 除菌湿巾 100 抽 ×1 包 □ 奶瓶 ×1 个 □ 一次性男女士内衣裤各 3 套 □ 纸尿裤约 70 片 □ 开罐器 ×1 个 □ 女性生理用品 ×60 个 □ 多功能组合刀、工具箱 □ 充电宝及手机数据线 □ 干电池 ×3 排 □ 胶带 ×1 卷 □ 旅行洗护套组 ×2 套	□ 应急毛毯 □ 手机备用电池 ×2 块 □ 口哨 □ 救生绳 □ 净水片
家庭医疗用品	□ 感冒药、止泻药、退烧药（贴）、抗菌软膏等常备药 □ 小儿专用常备药品 □ 正在服用的处方药 □ 碘伏棉棒 ×1 盒、酒精棉片 ×1 盒、创可贴 ×1 盒、体温计 ×1 个、口罩 ×1 包	
重要物品	□ 重要文件（家庭户口本、护照、保单等） □ 现金	□ 家庭应急卡片

储备物品时需要注意哪些事

选择食品时考虑以下事项

●放置 3 天以上不会腐烂的食物。

● 3 天是水和食物储存量的最低限度，最理想的储备量是两周。

●选择家人会吃的食物。

●记住家人特殊的饮食需求，尤其是对食物过敏的。

●优先选择无盐的饼干、全谷物食品和液体含量高的罐装食品。

●灾害可能导致持续数天断电，因此最好选择罐装食品、干货和其他无须冷藏、加工的食品，准备好开罐器和餐具。

●注意食品安全与卫生。尤其谨慎处置停电后储存在冰箱内的食物，避免细菌滋生引发食物中毒。

储存和食用的注意事项

●将食品存放在阴凉干燥处，避免阳光直射。

●定期轮替更新食品，确保食品始终在保质期内。

●食用时，将食物装入带盖的容器中。

●丢弃开封后在室温下放置 2 小时以上的食物。

●对于配方奶喂养的婴儿，尽量选购现成的配方奶。首选瓶装水冲泡奶粉,其次是开水,最后是处理水。母乳喂养的婴儿可以继续母乳喂养。

当心!

●不要食用包装膨胀、凹陷或已腐烂变质的食物。

●不要食用外观或味道不正常的食物。

●不要将垃圾堆在室内，因为垃圾可能会引起火灾和细菌滋生。

其他物品的储存和使用

●将物品储存在阴凉干燥处，避免阳光直射。

●定期检查你储存的物品，确保衣物合身，耗材完好无损。

●储备物品时，注意区分物品的功能和适用范围。如蜡烛、火焰灯仅供户外使用，不适宜在室内使用。

●重要文件可扫描一份电子版保存，原件收纳在防水防火的密码箱中。

未雨绸缪！你可以准备一个应急包

PART 2

灾难发生后，如果房屋损毁，可能无法保证正常居住。你需要提前准备一个应急包，装满保障最低限度生活的必需品，供外出避难时使用。应急包不宜过重，你可以将它放在玄关、卧室或其他方便拿取的位置。你还可以准备一个迷你应急包，放在办公室、学校或车内。

迷你应急包物品清单

应急食品

☐ 瓶装水
☐ 巧克力、压缩饼干或燕麦棒

急救药品

☐ 常备药品（退烧药、感冒药等）
☐ 绷带与纱布
☐ 创可贴
☐ 消毒酒精
☐ 冰袋

注：任何食品、药品都有使用期限，定期检查并及时更换应急包内的物品，防止过期。

应急物资

☐ 手电筒与备用电池
☐ 手套　☐ 睡袋
☐ 雨衣　☐ 简易厕所
☐ 小毛毯　☐ 水壶
☐ 口哨　☐ 胶带

注：检查物品使用状况，及时补充。

避难应急包物品清单

物品种类	物品名称	说明
应急物资	☐ 手电筒与电池 ☐ 一次性橡胶手套或棉线手套 ☐ 移动电源 ☐ 口哨 ☐ 头盔 ☐ 应急毛毯 ☐ 地图 ☐ 小刀、剪刀与开罐器 ☐ 胶带	

应急食品	□ 巧克力 □ 压缩饼干 □ 罐头食品	便于长期存放，饱腹感强，不需要冷藏或烹饪的高热量食物
医药用品	□ 冰袋 □ 口罩 □ 棉签 □ 常备非处方药 □ 正在服用的处方药 □ 绷带、创可贴 □ 消毒酒精 □ 体温计	
基本生活用品	□ 雨衣 □ 简易厕所 □ 睡袋 □ 水壶 □ 牙刷 □ 打火机 □ 塑料袋 □ 毛巾 □ 纸巾 □ 现金	
季节性物品	夏季： □ 防蚊虫叮咬类产品 □ 防晒用品 冬季： □ 保暖用品（暖宝宝等）	根据季节的变化及时更换
重要文件	□ 身份证 □ 护照 □ 驾驶证 □ 保单 □ 个人信息卡	集中放置在小包中，并提前准备好记录家庭成员、联系方式与家庭住址的个人信息卡
特殊人群所需物品	婴幼儿：□ 纸尿裤 □ 奶瓶奶粉 老人：□ 常备药品 □ 软性食品（速食粥） 女性：□ 生理用品	

临危不乱！
提前收纳好重要物品

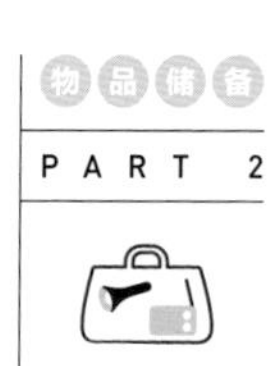

档案、证件等重要物品以电子文件的形式存储在本地及云端，原件可放进防水的文件袋中，放在一处固定的地方，并确保所有家庭成员都知道。

家庭成员信息资料

☐ 身份证 ☐ 户口簿 ☐ 护照 ☐ 驾驶证 ☐ 出生证
☐ 结婚证 ☐ 家庭应急卡片 *

*** 家庭应急卡片应包含下列信息：**
正面：家庭成员姓名、照片、血型、慢性疾病、用药和过敏史。
反面：家庭住址、家属联系方式、应急部门联系电话和紧急联系人的联系方式。

重要财物资料

☐ 银行卡、存折 ☐ 现金 ☐ 不动产权证书 ☐ 股票、债券

其他重要资料

☐ 社保卡 ☐ 保险单 ☐ 遗嘱 ☐ 合同 ☐ 学位证书 ☐ 职业技能证书

室内可以做哪些防震准备

为避免因家具倒塌、物品滑落造成人员伤亡，你需要固定好家具，并合理收纳、摆放物品，重的东西放下面，轻的东西放上面。

虽然有些麻烦，但是固定家具很有必要。试试看！

时期	适用家具类型	具体方法
装修前	大件家具（书柜、衣柜、储物柜等）	定制内嵌家具或固定家具
装修后	一般家具	利用固定卡扣与固定螺丝将家具与墙壁固定在一起
	不能打钉子的家具	使用防滑垫或魔术贴将家具底面与地板固定在一起 在家具下方塞进楔子，使家具向墙壁方向微微倾斜
	吊灯	用链条固定
	带脚轮家具	利用脚轮固定器，防止家具滑动；将轮子更换为刹车轮并上锁
	窗户	使用防爆膜防止玻璃碎裂飞散

看看你的物品摆放有没有隐患

地点	家具	具体方法
客厅	茶几、沙发、电视	使用防滑垫或防滑魔术贴固定
	电视柜	使用固定卡扣、螺丝等工具固定在墙壁上
	桌椅	使用防滑垫防滑 带脚轮的则安装脚轮固定器或更换为刹车轮
	吊灯	使用链条固定
	窗户	贴上防止玻璃碎裂飞散的防爆膜
走廊	不在走廊上堆放物品，以免阻碍逃生通道	
卧室	床	床腿使用防滑垫或床头固定器防滑 易碎品不放置在床附近 床头柜上不放重物
	衣柜、书柜、收纳柜	使用内嵌家具，或者用固定卡扣、楔子固定 采取即使翻倒也不影响逃生路线、砸不到人的摆放方式 柜门上最好安装自锁装置，防止柜内物品掉出
	抽屉	安装自锁装置防止抽屉弹出
厨房	炉灶	使用固定炉灶，或使用防滑垫将炉灶固定
	放置住宅用小型灭火器 定期检查煤气	
洗手间	尽量少放置物品	
玄关	不堆放物品，保证撤离动线	

该为宠物准备什么

宠物也是家庭成员，为了让它们也能在灾难中存活下来，平时不妨做好以下准备：

为宠物准备一个应急包吧

□ 准备牢固的项圈、牵引绳和笼具，以便安全转移宠物。

□ 准备 3 天以上的宠物习惯吃的食品及饮用水。如有罐装食品，则需准备开罐器。

□ 准备宠物常用药品、维生素，和可应对一些急病的抗生素。病历本可装在防水袋中。

□ 准备一个宠物急救包（剪毛的剪刀、绷带、急救时使用的乳胶手套、湿巾等）。可以向兽医咨询，准备一个适合你的宠物的急救包。

□ 准备一张宠物的近照，照片最好能体现宠物的特点，以便辨认身份。

□ 记录宠物的喂养事项、身体状态、行为习惯、兽医的联系方式等信息。

□ 准备宠物喜欢的玩具、窝或毛毯（如果方便携带）。

为你的宠物做好防灾应急预案

□ 清楚附近的临时避难场所，制定逃生路线，以便灾害发生后第一时间携宠物撤离。

□ 预先了解哪些朋友、亲人或宠物医院可以提供紧急收容或救助，保存好联系方式。

□ 做好和宠物分开居住的准备。

□ 训练宠物适应笼具，使其镇定地进入和转移。

□ 平时让宠物和他人适度接触。这样在避难的过程中，宠物可以较好地和人相处，不至于精神紧张。

□ 定期为宠物注射疫苗，避免宠物在避难时被传染疾病。一些宠物收容所也需要饲主提供疫苗证明。

□ 为宠物佩戴带有清晰身份标志的项圈，或植入芯片。

□ 家中宠物适龄绝育。

确认灾害时的避难场所

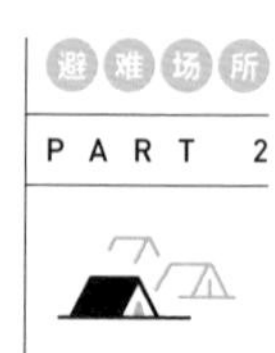

应急避难场所是应对突发公共事件的安置设施，是现代化城市居民躲避火灾、爆炸、洪水、地震、疫情等重大突发公共事件的安全避难场所，多为公园、广场、体育馆或学校。

扫码查看各地应急避难场所

http://yjglj.beijing.gov.cn/yjglzt/htdocs/htdocs/index.html

上海市地震应急避难场所

http://mingfangban.gjjyun.com.cn/temp.html

广州市地震应急避难场所

http://dz.gzsi.gov.cn/blcs/229.htm

深圳市地震应急避难场所

http://yjgl.sz.gov.cn/yjgl/yjgl/yjbncs/content/post_7661090.html

重庆市地震应急避难场所

https://m.weibo.cn/detail/3655206061679909

在手机应用搜索框输入“应急避难场所”，搜寻你所在城市的避难场所。

安危确认与信息收集

确认自身状况

检查身体是否有明显的外伤出血，四肢是否活动正常，呼吸、脉搏是否规律平稳。若神志清晰且活动自如，应尽力逃离室内或危险区域；若失去行动能力，应利用手边通信工具寻求帮助，同时保存体力，等待救援。

收集周边信息

通过邻居、社区等渠道了解所在生活区域的受灾程度及大致影响，与社区组织取得联系、判断下一步行动。

确认周边状况

检查室内物品跌落、家具损毁情况，判断建筑物是否存在结构性损伤，以此大致了解灾害的严重程度，并做出相应的决策。

了解官方信息

通过电视、网络渠道上可信度高的媒体报道与官方通告，了解灾害的整体严重程度及救援状况，听从专业建议或政府安排，开展灾后的生活重建。

和社区邻里互助

PART 2

了解

平日里就对住处的邻居多一些了解，比如家中常住的人员、居住的时间等，也可以互相留存联系方式，以备不时之需。微信建群或开展定期的邻里活动，也是不错的方式。

关注

灾害发生后，在确认了自己和家人的状况，保证自身安全的情况下，也请关注邻居的安全状况，特别是邻居当中有老人、孕妇、残疾人等弱势群体时——他们更需要你的及时帮助。

帮助

如果邻居需要帮助，你可以在力所能及的范围之内伸出援手；若超出了你的能力范围，请寻求专业人员的援助（医务人员、消防队）。当你需要帮助时，邻居也是你可以最先考虑求助的人。

帮助

危机发生时，无论是物资还是信息的分享都至关重要。水、食物、衣物等基本物资可以与邻居互通有无。如果你获知了关于灾害的最新信息，也请与你的邻居分享，大家共同行动。

遇到灾害，需要关注的重点人群

如果你是老人、孕妇、小孩 *

你的身体状况处于弱势，让你很容易受到伤害。你需要配备专门的应急包，除了常规物资之外，还应包含所需的日常药品、医疗器械、卫生用品等。随身携带个人信息卡，应包括基本信息、紧急联系人、联系医院、疾病 / 过敏史等信息。特别需要注意的是，你也是灾后心理健康受关注的重点对象，如有必要，可以申请有针对性的灾后心理辅导。

如果你是身体障碍人士及行动不便者

你需要提前准备个人信息卡片，包括基本信息、紧急联系人、联系医院、疾病 / 过敏史等信息。突发灾难时可能无法使用电梯，或缺乏可供逃生的无障碍设施，需要及时向人求助、说明情况，以获得更多帮助。在抵达避难点或疏散区后，尽快与亲友取得联系，寻求进一步帮助。

如果你是旅行者

出行前，你需要了解旅行目的地的常见灾害与防灾方式，熟记消防、医疗等紧急求救电话。若存在语言障碍，最好提前准备多语言的信息卡，或掌握通用的求助语言或信号。若身在异国，应第一时间向当地的使领馆寻求帮助。若暂时处在人群聚集处或避难场所，应说明自身情况，向能够充当翻译的人求助，并获取更多信息。

*如果你的家人中包含这类人群，请及时为他们做好准备，关注他们的状况。

如何应对谣言

辨认信息来源

当看到一则新闻或消息时，请核实它的来源是否专业可靠。重要信息可通过媒体、公告求证。来源不明的聊天记录、社交媒体截图并非危急时刻可靠的信息来源。

不传播无法证实的内容

看到一则难辨真伪的信息时，请不要因为它的离奇而立即传播。每个人都是一个信息节点，应该对每一个转发或分享负责。

区分事实与观点，谨慎对待预测

事实是已发生的客观存在，观点是基于认识的主观判断。分辨你所看到的内容是事实还是观点。如果是观点，需要进一步判断它是否基于事实。科学的预测可以帮助我们决策，但不应混淆预测和事实。

依靠理性判断与专业知识

对各类资讯保持开放的心态，尽量不做情绪化的判断。若你有与之相关的专业知识，可以尝试阻止不实信息的进一步扩散。

防灾训练

学习演练

掌握基本的逃生方式、自救知识和生存技能，同时也要学习紧急情况下进行心肺复苏、AED（自动体外除颤仪）设备急救、简易包扎的急救知识。

配合参与

对于在社区和工作场所定期开展的防灾训练应全力配合。一旦出现突发状况，你可以向应急指挥人员了解自己可参加的志愿工作。

公司与组织可以做到

●制定防范规则并定期开展防灾演练

指定防灾负责人，确定避难方法和避难场所，制定防灾规范。定期配合物业及消防部门完成防灾演练，开展基础的员工防灾培训，帮助大家了解办公场所避难楼层、安全通道、户外疏散点等关键信息。

●保障员工安全与灾后基本生活

确保工作场所的建筑标准、消防标准符合相关要求。储备一定的应急物资，若在工作时间突遇灾害，员工可以利用应急物资短期避险。灾难发生后应尽快统计受困员工的基本信息。

●能提供帮助的单位

涉及公共服务、物资生产、灾后重建等行业的单位，可及时联系政府部门，了解相关需求，在保证员工安全的情况下配合救援，开展重建工作，提供相应的生产或服务支持。

在这个部分，我们以“未知或不可抗力”为前提，
列举了一些常见的灾害与突发事件。
但突发事件远远不止这些，
它们都在威胁着我们的生命安全。

我们希望，大家可以从我们列举的这些灾害与突发状况开始，
树立防灾意识，不仅掌握应对某一突发事件的思路和方法，
也能将规律性的知识运用在其他类型突发事件的应急处置中。

PART 3

你可能遇到的
其他灾害与突发状况

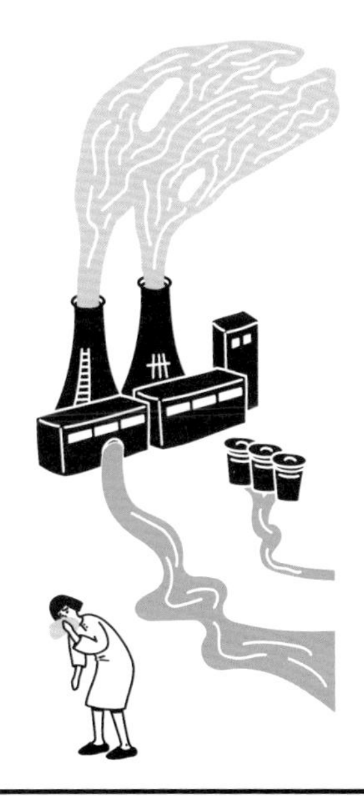

你需要了解的火灾相关知识

火灾全过程大体可分为五个阶段：初期、发展期、轰燃期、充分燃烧期和衰退期。大多数火灾都是在初期被扑灭，进入发展期和轰燃期后救援难度陡升，被困人员生存率低，营救人员救援风险大。另外，因通风条件变化、可燃物性质不同，现场情况多变，火场温度与燃烧时长也会相应变化，增加救援难度。

火灾的四个特点易造成人员伤亡：①**浓烟会遮挡视线；②火势蔓延速度非常快；③火灾中的浓烟有毒；④火灾的高温非常致命。**
为了避免遇到火灾时手足无措，我们要学会：

1 熟悉环境：可以和家人一起提前确定一个逃生路线和集合地点，以便在发生紧急情况时可以找到对方。**安装烟雾报警器，为求生争取更多时间。**多留意各类环境的逃生出口。一旦发生火灾，可以迅速撤离。

2 避开浓烟：一定不能让自己置身于浓烟中。在撤离过程中，为防止吸入有毒气体，应尽可能俯身或匍匐行动，最好能以湿毛巾捂住口鼻并以湿毯子或被子包裹身体和头部，或直接淋湿自己，防止被烧伤、烫伤。

3 及时撤离：不要躲在床下、桌下，或为了抢救财物耗费大量时间。

4 切勿折回：如果已经安全撤离出建筑物，在消防人员确定安全之前，绝对不能返回。

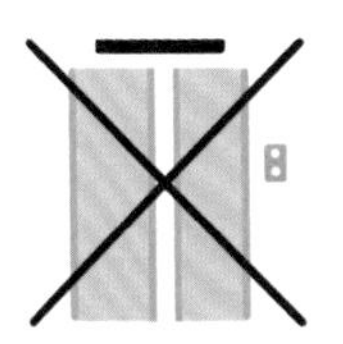

5 避开电梯：应沿着安全疏散通道有序撤离，避免搭乘电梯。如果中途受阻，切勿强行穿越火场中心，应立即折返至屋顶平台（高层火灾时要避免慌乱跳楼），或者打开楼梯间的窗户向外界求救。

6 着火自救：如身上着火，应脱掉衣服，扑倒在地来回打滚。不要奔跑和拍打，因为那样会加速空气流动，使火势更旺。可以泼水，但不可以用灭火器直接喷射人体。

7 等待救援：为阻止火势蔓延，应避免打开被火封锁的大门（特征是门把手较烫），并将门窗和室内通风口关闭。用衣物堵住门窗缝，并不断向门窗泼水，避免烟气进入。有窗的洗手间是较好的等待救援的场所，既可及时取水，也可向外求救。以闪烁手电筒、挥舞鲜艳衣衫、敲击物品等方式告知救援人员你的确切位置。在先保证自己安全的情况下再求救或者拨打求救电话。

8 向外逃生：如营救人员无法及时到达，位于较低楼层的受困者可以依靠牢固的下水管道和床单制成的绳索缓慢向下攀爬。保护头部，蜷缩身体，借助雨棚等着地点增加缓冲，切勿直接跳楼。如果窗户无法打开，可以敲碎玻璃，将毛巾或毯子铺在碎玻璃上，再向外逃生。

▸ 了解如何制作逃生绳索 > P138

注：根据新华网、中国政府网、科普中国、“橙色救援”微信公众号、“消防员紧急联络”网站（Firefighter Close Calls）等平台发布的公开信息整理。

如何使用灭火器与消防栓

干粉灭火器的使用

检查一下指针是否在绿色区域，红色、黄色区域不能用。去除铅封，拔下保险销。

站在火势上风距离火源2—5米处，捏住软管，对准火源根部。

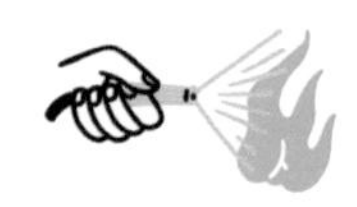

按下手柄，喷射过程中避免瓶身水平和倒置。

消防栓的使用

打开或击碎箱门，按响警报。

将水带的两端分别与水枪和消防栓接口连接，展开水带。

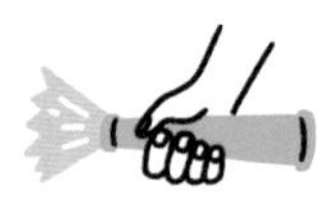

转动水阀，对准火源喷射。

如果起火原因不明，火势有愈演愈烈的趋势，请及时停止。你可能使用了错误种类的灭火器。**以下物体着火不能用水扑灭：电器、油锅、汽油、危险化学品（镁等易燃金属、硫酸等遇水发热的物质）。**由于消防栓后坐力较大，不建议一个人使用。

注：根据中国政府网、台北市政府消防局官网等公开资料整理。

你做到这些防火检查了吗

☐ 在天花板或楼梯间安装光电型烟雾警报器（价格从几十元至几百元不等），每月检查电池使用情况，擦拭灰尘。机器发出一定频率的嘀嘀声时，意味着需要更换电池。

☐ 制定火灾发生时的逃生路线。如果家居布置出现变化，要及时调整路线，确保途中无障碍物，门能够正常开启。

☐ 用火时不离开厨房。警惕热油起火，起火后及时盖上锅盖，不要泼水。烹饪后关闭电器和燃气。正确使用电器，不要在加热器上晾晒衣物，避免插座短路。

☐ 不要在家中囤积易燃易爆物质。

☐ 不要在室内吸烟，确定烟头熄灭后再扔入垃圾桶。尤其警惕酒后吸烟。

☐ 睡前检查电器及火源。

烟雾报警器是怎么救命的？

普通住宅中可燃物多，火势蔓延快，反应时间短。在火灾初期，烟雾报警器能给人充足的时间逃跑和灭火，对控制火情至关重要。

注：根据国际消防员协会官网信息、《英国政府家居用火安全文件》等公开资料整理。

你需要了解的暴雨、台风、大风相关知识

台风暴雨

PART 3

暴雨、台风、大风的形成往往与区域气候有关。中国除西北少数地区外，其他地区均有可能被暴雨袭击。中国东部、南部沿海地区更易受到台风影响，形成大风、暴雨天气。

暴雨和台风可能导致城市内涝、山体滑坡、泥石流等灾害，狂风可能毁坏建筑，造成人员伤亡。但气象灾害可以预测，了解灾害多发的季节、区域以及防灾措施，有助于最大限度地减少人员伤亡和财产损失。

暴雨、台风、大风的预警信号级别相似，按照危害程度由轻到重，分为蓝、黄、橙、红四级，各地根据实际情况有所调整。预警信号包含两种含义：一是“警告”，即当前已经受灾；另一种是“戒备”，即在未来一段时间内可能受灾。因此，当气象部门发出预警时，即使当下没有相关灾害的征兆，也应当提高警惕，做好预防。

暴雨预警

	蓝色预警	12 小时内降雨量将达 50 毫米以上，或者已达 50 毫米以上且降雨可能持续。需要做好防暴雨准备工作；车辆行驶时注意道路积水和交通阻塞。
	黄色预警	6 小时内降雨量将达 50 毫米以上，或者已达 50 毫米以上且降雨可能持续。需要做好防暴雨准备工作；部分强降雨路段可能出现交通管制；切断低洼地带有危险的室外电源，暂停在空旷地方的户外作业，转移危险地带人员和危房中的居民到安全场所。
	橙色预警	3 小时内降雨量将达 50 毫米以上，或者已达 50 毫米以上且降雨可能持续。需要做好防暴雨应急工作；切断有危险的室外电源，暂停所有户外作业；危险地带停课、停业；注意排涝，谨防山洪、滑坡、泥石流等灾害。
	红色预警	3 小时内降雨量将达 100 毫米以上，或者已达 100 毫米以上且降雨可能持续。需要做好应急抢险工作；停止集会、停课，大部分行业停业；做好应对山洪、滑坡、泥石流等灾害的准备。

台风预警

蓝色预警

所在地区已经或在 24 小时之内会受到台风影响，风力达到 6 级以上。需要停止露天集体活动和高空作业，加固不稳固的搭建物，切断室外危险电源。

黄色预警

所在地区已经或在 24 小时之内会受到台风影响，风力达到 8 级以上。需要停止所有大型集会，加固或拆除不稳固搭建物,减少外出,转移危房中的居民。

橙色预警

所在地区已经或在 12 小时之内会受到台风影响，风力达到 10 级以上。需要停课、停工，居民尽量待在室内，警惕山洪、地质灾害。

红色预警

所在地区已经或在 6 小时之内会受到台风影响，风力达到 12 级以上。所有人应当待在室内。

大风预警

蓝色预警

24 小时内可能受大风影响，或者已经受大风影响，风力达 6 级以上。做好防风准备；注意大风消息和防风通知；加固家中搭建物，将室外物品挪至室内。

黄色预警

12 小时内可能受大风影响，或者已受大风影响，风力达 8 级以上。建议幼儿园、托儿所停课；关紧门窗，危险地带居民转移至避风场所，停止户外作业；切断霓虹灯招牌等室外电源；停止露天集体活动。

橙色预警

6 小时内可能受大风影响，或者已受大风影响，风力达 10 级以上。建议中小学停课;居民尽量不外出。

红色预警

6 小时内可能出现，或者已出现 12 级以上大风。停课、停业（特殊行业除外）；居民待在防风安全区域。

哪些地方可能遭受大雨、台风、大风灾害

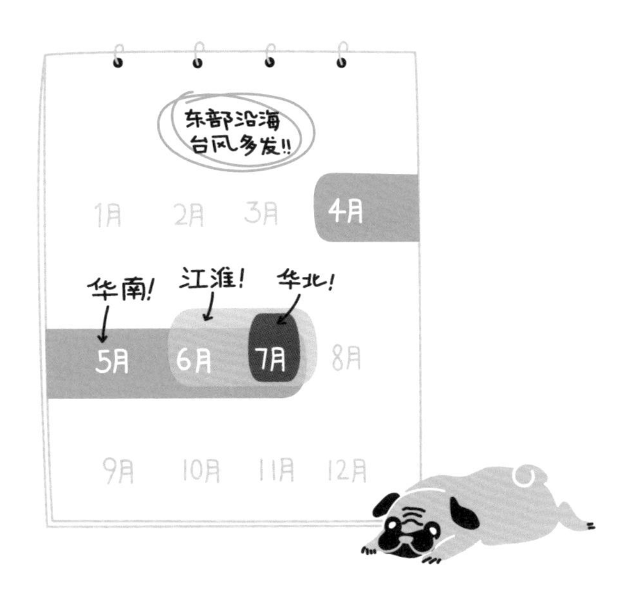

中国暴雨多发，总体而言，南方和东南沿海地区更容易出现暴雨。

华南地区：4 月至 10 月均为雨季，但历时长、强度大的暴雨多发于 4 月至 6 月。7 月后台风天气也会引发暴雨灾害。

江淮地区：6 月中旬至 7 月下旬的梅雨季常带来连续集中的强降雨天气。

北方地区：7 月中下旬易发生短时强降雨，引发暴雨灾害。

东部沿海地区：台风多发，东南内陆地区也有可能受到台风影响。其中，台风主要在广东、台湾、海南、福建等地登陆，伴随着狂风灾害。

台风来临前，你可以做到

提前储备食物与饮用水，特别是便于储存、可直接食用的食物。准备好手电筒和备用电池、应急药品。及时更新应急包里可能失效或过期的物品。

及时清理阳台上的杂物，如花盆、衣物、衣架等，避免高空坠物，危及路人安全。检查电路、煤气等设施是否完好。加固易受台风影响的搭建物、设施及树木。

不要在台风可能经过地区的海域游泳或乘船出海。

了解灾害发布渠道（电视、广播、社交媒体），关注天气预报与台风路径，以及地方政府应对策略。台风实时路径追踪可参考中国天气台风网。

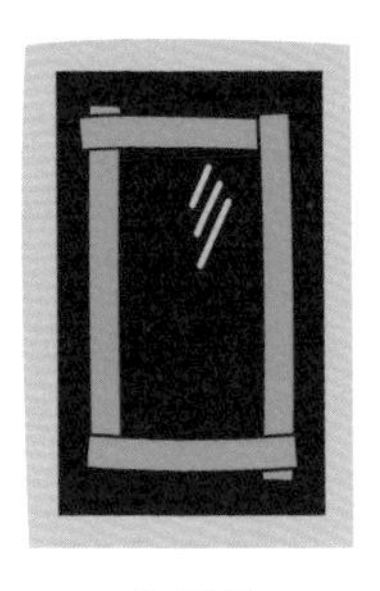

格子型　交叉型　米字型

请紧闭门窗，在风中剧烈开合的门窗极有可能破碎。在窗户玻璃上用胶布贴“米”字，或者贴湿报纸，加固窗户玻璃，吸收冲击力，降低对室内人员的危害。并且，应及时加固易被狂风暴雨破坏的搭建物。

注：要避免贴成格子型、交叉型，应贴成米字型。因为米字型的接触面更大，承受力更强。胶带选择封箱胶，因为封箱胶的黏性与延展性比透明胶或强力胶要好。胶带贴在玻璃内外侧均可。

避免停留于低洼地带、地下室或地下停车场。暴雨可能导致城市内涝，人员被困。为预防居民住房或者公共场所内涝，可在入口处放置挡水板，堆积沙袋。

居住在易发生泥石流、山体滑坡、山洪等地区的居民，应配合地方政府的工作，及时撤离到位于高处的避难点。

你可以准备的台风应急包

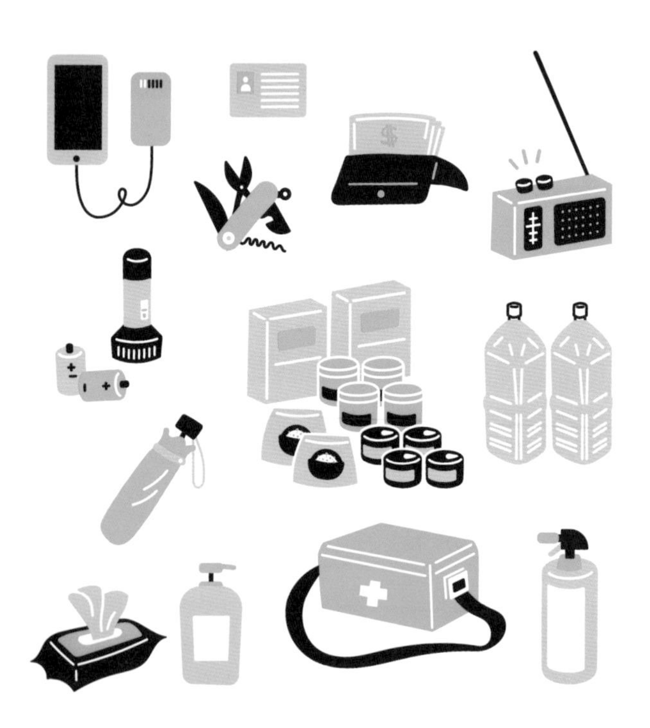

请准备好手机及移动电源、紧急联系人信息、饮用水（按人数准备）、急救包和常备药（也要考虑家中慢性病患者的需求）、手电筒及备用电池、易储存的食物、驱虫药品、雨伞、免洗洗手液、酒精棉片、湿巾、收音机及备用电池、小刀、现金等。

台风过境，你需要注意

不要在台风过境期间出门。如果警报尚未解除，即使天气看似平稳，也不要出门，你所在的区域可能正处于台风眼中，出行仍然存在巨大风险。避免参加大型集会、高空作业或露天集体活动。

如不得不在暴雨时出门，请避免在临时建筑物、广告牌、树木附近停留。应避开积水路段，小心井盖被水流冲开。如路过积水路段，要注意观察水流，最好先用雨伞等探明前方路面情况。

驾车出门应绕开积水路段和立交桥。如遇熄火，请立即下车到高处等待救援。车中应常备破窗锤，避免被积水围困，车门受水压压迫无法开门逃离的情况发生。

台风过境后，在外行走时留意头顶可能断裂并坠落的树干、电线和路灯。

台风过境期间和过境后，注意饮食与用水卫生。

你需要了解的泥石流相关知识

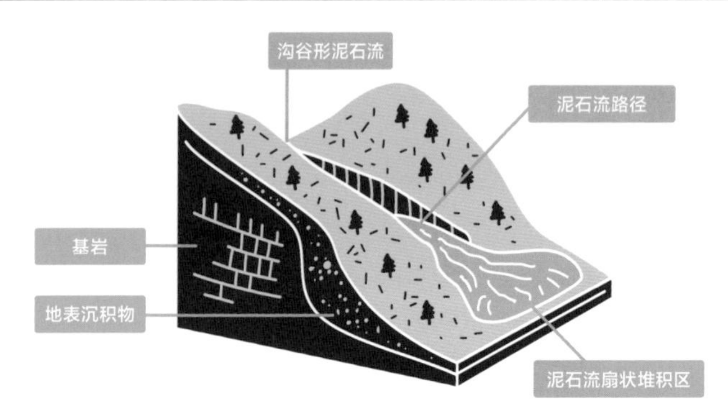

泥石流暴发突然，历时短暂，破坏力强。在中国，它经常伴随暴雨、洪水出现，多发于夏季，也经常作为地震后的次生灾害出现。甘肃、四川、云南、西藏等地都是泥石流高发区。

泥石流灾害前兆

连续降雨或是暴雨天气下，山体易滑坡，引发泥石流。若你身处下游沟谷，发现以下这几种情况，则说明上游正发生泥石流：

1. 河流中突然夹有较多柴草、树木；
2. 河流突然断流、水位下降或水势突然加大；
3. 沟谷深处突然变得昏暗，深谷或沟内传来类似火车轰鸣或闷雷般的响声，还有轻微震动感。

防范泥石流，你可以这么做

前往或者路经山区前

查询天气预报，避免大雨、暴雨时前往山区。在中国西南地区，滑坡、泥石流、崩塌多发于6月至9月。在西北地区则多发于7月和8月。

在山路上行驶时

应时刻注意路况，留意是否有掉落的石头、树枝等。要随时查看前方道路是否存在塌方、沟壑，以免发生危险。

警惕山体滑坡

注意滑坡标志。不要在滑坡刚刚结束后立即通过。注意聆听有无异常响声，比如树木断裂声或是石块敲击声。它们可能预示着泥石流的发生。

在山区徒步时

如在溪流附近遇到大雨，要警惕发生泥石流的风险。迅速转移到高地，尽量远离山谷。过桥之前，先观察上游，如有泥石流逼近，不要冒险过桥。

野外扎营时

要选择平整的高地作为营地，避开有滚石和大量堆积物的山坡。泥石流的速度非常快，无法跑步躲避。

遇上泥石流时

请向泥石流前进方向的两侧山坡跑。切勿在以下地点停留：凹坡处、河（沟）道弯曲的凹岸或地方狭小高度又低的凸岸、陡峻山体。

你需要了解的避雷相关知识

遭受雷击可能导致严重烧伤、神经系统受损、终身残疾，甚至死亡。预防雷电灾害的首要方法是了解所在地的气象灾害预警信息。如遇雷电或雷暴天气，尽量不外出。如不得不外出，应穿雨衣而不是使用雨伞。避雷应遵循“30 分钟法则”，即至少 30 分钟不再听到雷声，才可离开避雷处。

在室外

在室外发现电闪雷鸣时，应立即向室内、车内或安全的地下通道移动。不少雷击死亡事故就发生在雷暴落雨之前。多人在室外一起避雷时，应彼此保持 5 — 10 米的距离。

在室内

室内避雷未必绝对安全，也有很多雷击事故发生在室内。在室内避雷时，应关闭并远离门窗。与室外连接的电线为雷电提供了通路，应拔掉电器插头，并与之保持至少 1 米的距离。不要洗澡、洗碗或接触水管。

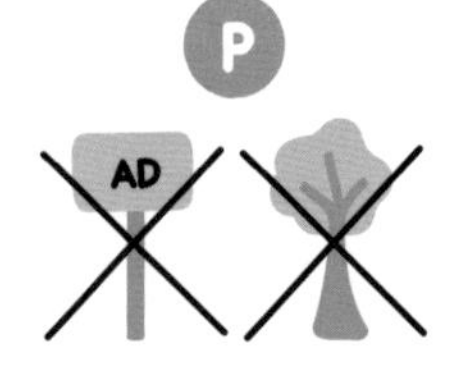

驾车时

如驾车时遭遇雷暴，应在路边安全处停靠，避开树木与广告牌。关闭车窗，打开双闪，避免使用手机或碰触车内金属物体。

避开树木

切勿在树下避雨、避雷。雷电击中树木后，电流会沿地面传导。与树木保持至少 4 米的距离。如四周树木林立，应降低身体重心。标准姿势是：并拢双腿、下蹲，上半身蜷缩前倾，双手抱头并按住耳朵，不要就地躺下。

登山时

如在山林中看到闪电，应在听到雷声前，迅速将登山杖、绳索、雨伞等可能成为电流通路的随身物品丢弃，压低身体迅速下山，向干燥的洞穴内、低处或车内移动。因雷电有沿河谷移动的特性，切勿在溪流附近避雨。

露营 / 身处空旷的平地时

如果被困在空旷的地方，可以缩成一团，手抱着头蹲下，脚和膝盖并拢。记住，千万不要躺下。电流会沿着地面向四周传导，待在闪电落点 30 米范围内可能致命。因此要尽可能低矮，同时尽可能少接触地面。

在海面或沙滩上

没有突出高点的海面和沙滩同样危险。落在海上的雷通过海水导电，可能导致游泳的人溺亡。因此，游泳时看到闪电应立即上岸，压低身体前往安全场所。如海滨有高度为 5 — 30 米的灯塔、电线杆等高耸建筑物，应与之保持至少 4 米的距离。

你需要了解的暴雪相关知识

暴雪是长时间大量降雪的自然现象。长时间降雪导致能见度降低、天气昏暗、地面打滑，给路面交通和航空带来风险。积雪可能导致树木折断、房屋坍塌。这种极端天气也会影响通信、供电和供水，甚至导致地区瘫痪。同时也可能伴随着严寒，导致农作物减产与人畜死亡。

2008 年春节期间长江中下游一带的雪灾，曾导致多地出现冻雨，电线和交通受损，部分地区物资紧缺。所以，对于暴雪你也要有所准备。

如何预防暴雪灾害

●储存好食物与药品。减少外出（特别是老人），注意保暖，避免冻伤。做好停电取暖的准备。把宠物引入室内，或为其提供必要的保暖设施。

●提前修剪或加固可能在暴雪天气中折断的树木，避免危及房屋与行人安全。

●降雪会导致道路湿滑，外出应穿着防滑的鞋子（不要穿皮鞋，最好穿鞋底粗糙、有花纹的平底鞋），同时远离机动车道。不开车、不骑车。

●万不得已要开车时，应换上专用的防滑轮胎，保持车距，放慢车速，不要急刹车或猛打方向盘。最好提前准备汽车急救包，其中包括御寒衣物或毯子、食品、手电筒、故障车警告标志牌、瓶装水、药品、刮冰器、雪铲、盐或沙子、挡风玻璃清洁液及汽车防冻液、手套、备用电池等。

●与亲友保持联系。关注关于雪灾的最新消息。

你需要了解的洪水相关知识

洪水是河流、湖泊、海洋等水体水平面上涨，超过常规水位所引发的自然灾害。中国江河众多，海岸线长，大部分地区都易遭受洪水灾害的影响，其中东部地区受灾频率最高。据中国水利水电科学研究院 2013 年的统计，中国 67% 的人口、80% 的资产和 90% 以上的城市都位于江河洪水风险区。洪水灾害发生时，受灾人群面临被围困和溺水的危险，交通阻断，生产、生活受到影响。此外，洪水退去后留下的淤泥、垃圾、动植物尸体还会带来疾病和其他潜在危害。关注、了解洪水灾害防治常识，会帮助你规避更多风险。

应对洪涝灾害

了解汛期，关注预报

在中国，洪水多发于夏季以及因河道结冰导致水位上涨的凌汛期（冬春之交）。天气回暖，冰雪消融，以及连降大雨时，应留意汛情预报。

自制防水墙

若洪水有可能危及居住地，可提前准备麻袋、编织袋、米袋，往里装入沙石、碎石、泥土、煤渣等，制成沙袋，在门槛外（汛情严重时，还应在窗栏外）垒起一道防水墙，用旧地毯、旧毛毯、旧棉絮等塞堵门窗的缝隙，防止渗水。

往高处避险

洪水来临时，应及时向高地、楼顶、高墙或大树上转移。不要沿洪道逃生，要向洪流两侧转移。若被洪水包围，可用门板、木床制成木筏，拖把、扫帚用作划桨，从水上转移（务必先检查木筏能否漂浮）；若被卷入洪水中，则尽量抓住能漂浮的大型物体，如木板、木箱、衣柜等。

避开这些事物

尽量避免涉水、游泳逃生。洪水流速非常快，15 厘米深的洪水可以冲倒一名成年人，60 厘米深的洪水即可冲跑一辆小轿车。留在安全地带等待救援，或等待水位下降再转移。若发现附近高压线铁塔倾倒、电线低垂，也应远离，避免触电。

洪水退去后

洪水退去后，房屋应彻底清理消毒，包括空调、供暖管道及过滤器。不可直接饮用未处理的地表水。若需饮用，须沉淀消毒或煮沸（在 100 升水中加入 12 克明矾，或 1 — 2 克漂白粉，搅匀后经沉淀，可起到消毒作用）。配合卫生人员的防疫检疫工作，防止疾病传播。

检查房屋时需注意

屋内电器在重新使用之前，应全面检查并烘干。不要使用明火，避免洪水导致煤气泄漏，引发危险。

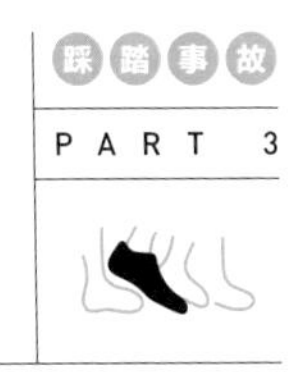

如何预防踩踏事故

有限空间中若聚集大量人群，容易发生踩踏事故，造成人员伤亡。

警惕与躲避

身处密集人群中时，如发现人群骚动，不要因为好奇随意行动。应顺着人流的方向移动。发觉人潮涌来时，尽快避到一旁。发现前方有人突然摔倒时，大声呼喊，避免后方的人继续向前拥挤。

稳住身体

不要让自己被绊倒。如果鞋子被踩掉，不要贸然弯腰提鞋或系鞋带。身陷拥挤人群要先稳住双脚，尽可能寻找附近牢固的物体抓靠。在人群中走动，遇到台阶或楼梯时，应抓住扶手。

如何自救

踩踏事故中，很多人因窒息死亡。如果因人群推搡感到呼吸困难，可以左手握拳，右手握住左手手腕，双手撑开平放胸前，这个姿势能够给自己留出呼吸的空间。若被推倒，要设法靠近墙壁、墙角。你可以这样保护自己：面向墙壁，身体蜷起侧躺在地，护住胸腔和腹腔；双手在颈后紧扣，护住后脑和颈部。

互相救助

发生踩踏，请立即报警、呼叫救护车。在等待过程中，应自救、互救，并先救助重伤者。发现伤者呼吸、心跳停止时，及时做人工呼吸，辅以胸外按压。急救的黄金时间为 4—6 分钟。若发生骨折，不要随意移动，可以用衣服、毯子等包裹伤肢，等待救援。

发生化学泄漏时，你可以这么做

一旦发生化学泄漏事故，有害物质会危及我们的生命安全，甚至带来严重的次生灾害。而且，不同于其他灾害，化学泄漏常会对人体与环境造成长久的影响。

如果你离事故源头很近

●想办法离开受污染的区域，请沿着与风向垂直的方向撤离，远离爆炸区域，撤离过程中弯腰前行。

●撤离过程中，尽量不要经过受污染区域。

●撤离时用防毒面具或湿毛巾遮住口鼻。

●化学泄漏有可能导致爆炸。如发生爆炸，应迅速背对冲击波传来的方向卧倒，脸朝下，头放低，用手臂隔开胸腔和地面的距离，避免身体直贴地面，以减轻沿地面传导的冲击。

●如果发生化学灼伤，应立即脱去衣物，最大限度减少化学物质带来的影响。

如果你离事故发生地有一定距离

●请不要好奇、接近，尽量远离事故发生区域并寻找避难场所。

●第一时间关好门窗。关注灾害发布渠道（电视、广播、社交媒体）和政府应对措施，再决定是否出门撤离。

遭遇核爆炸时，你可以这么做

核爆炸发生时

●首先就地躲藏，尽可能选择低矮的地方躲避。

●没有窗户的地下室、混凝土墙壁可以阻挡辐射。在建筑物中躲避核辐射爆炸，要避开门窗和天花板；不要躲进汽车里。

●及时关注各级政府各渠道（电视、网络、广播等）信息通报。可通过110、120求助，听从医生和专业人员的指挥和建议，采取相应措施。

核爆炸发生后

●核爆炸后，会产生大量的放射性尘埃，它们会在爆炸后10—15分钟内落到地面上，风可以使它们散布在数百平方千米的范围内，所以爆炸后不要立刻离开庇护所。

●如果窗户破损，立即用塑料胶带封住。在庇护所待上12—24小时，并及时了解官方指示。

●食用预包装食物，饮用瓶装水。

如果不幸暴露在放射尘埃中

●立刻脱掉受污染的衣物，放入塑料袋中，移出庇护所。

●用水彻底冲洗头发和皮肤。

●用鼻子呼气，尽量去除吸入的尘埃。

●穿上未受污染的衣服。

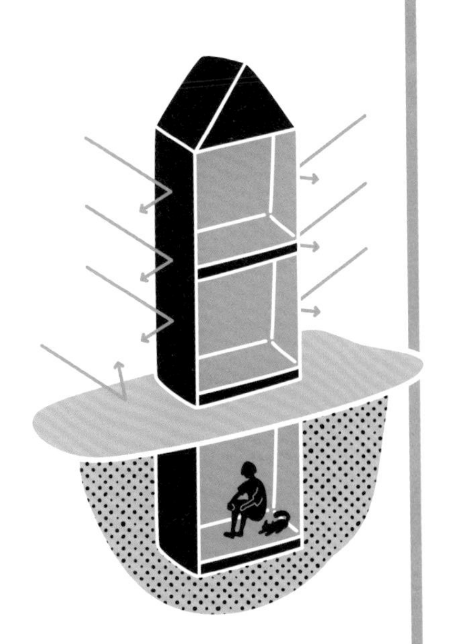

面对任何一种突发灾难，
第一救护者都是灾难中的当事人及周围的人。
突发事件发生后，无论我们受伤与否，首要思考的问题，
应是如何最大限度延长后期生存时间，
为获得专业医疗救援赢得宝贵时间。

突发事件中，能否及时开展自救互救，
是争取“白金救援十分钟”的关键，也是弥补救援响应空白区的唯一办法。
非专业人士能否在第一时间、第一现场，
采用正确医学救治技术实施救援，是整个医疗救援链条上最为关键的环节。

清创、止血、包扎、固定、搬运，是外伤急救的基本步骤，
我们在本章梳理了上述角度的简单应对方案。
希望大家能够掌握医疗急救原则和特殊损伤的急救要点，
避免在救护过程中造成更加严重的二次损伤。

我们也要提醒大家注意，突发事件造成的伤害，
往往呈现多种伤害共存的情况。
因此，我们首先要处理严重的、危及生命的损伤，
如开展心肺复苏、大动脉止血等。
在恢复生命体征后，再酌情处理其他次要损伤。

另外，由于灾害时期日用品、日用资源可能出现供应中断，
我们还准备了一些日用品紧急替代方案，
这些方案不仅适用于居家避难，也适用于野外生存之需。

PART 4

应急手册
——各种紧急对策

如何做心肺复苏

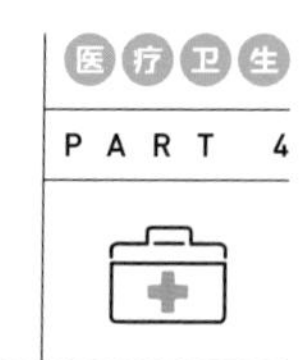

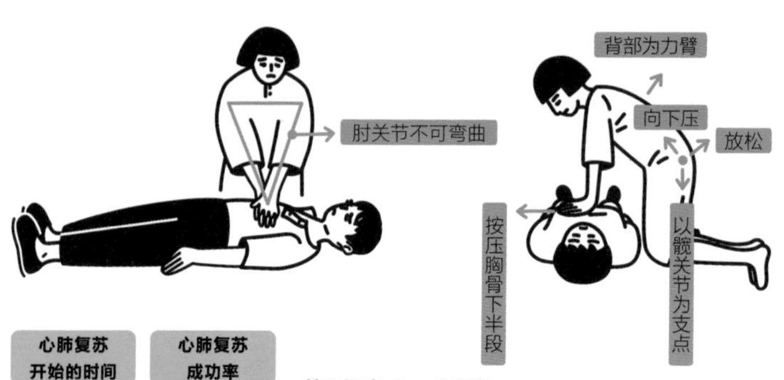

心肺复苏开始的时间	心肺复苏成功率
1 分钟	>90%
4 分钟内	60%
6 分钟内	40%
8 分钟内	20%
10 分钟内	0

按压深度： 5 — 6 厘米

按压次数： 100 — 120 次/分钟

手的位置： 将双手放在胸骨的下半部

胸廓回弹： 每次按压后使胸廓充分回弹，不可在每次按压后倚靠在患者胸上

尽量减少中断： 中断时间限制在 10 秒以内

确认环境并寻求帮助

首先确保你和伤者都在安全的位置。如果使用 AED（自动体外除颤仪），确保伤者处在干燥状态。大声呼救寻求周围人帮助，请人拨打急救电话，另一人实施心肺复苏。如有条件，可以使用 AED 实施心肺复苏。

确认伤者意识

检查是否有呼吸或仅是喘息；同时检查脉搏，注意能否在 10 秒内明确感觉到脉搏。

心肺复苏

●呼吸正常，有脉搏

持续检测患者状况，直到急救人员到达。

●没有呼吸，或仅是喘息，无脉搏

做心肺复苏。开始 30 次按压和 2 次人工呼吸的复苏周期，或持续按压直至医护人员到场。

●没有正常呼吸，有脉搏

做人工呼吸。每 5 — 6 秒 1 次呼吸，或每分钟 10 — 20 次呼吸。每 2 分钟检查一次脉搏，若没有脉搏，开始心肺复苏。

心肺复苏的“C-A-B”原则

可以按照“C-A-B 原则”实施救助。在施救者未经培训的情况下，建议仅进行胸外按压。

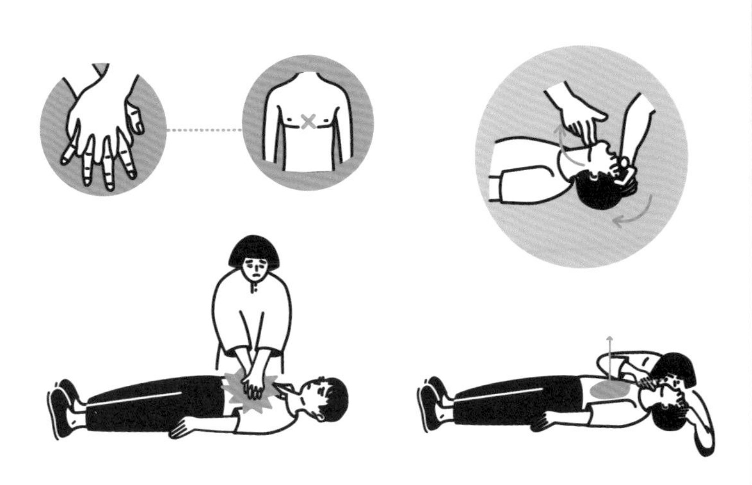

C / 胸外按压（Chest Compressions）
双手交叠紧扣，掌根放在两乳头连线的中心位置，伸直肘部。以每分钟 100—120 次的速率垂直向下按压，成人的按压幅度为至少 5 厘米，儿童约为 5 厘米，婴儿约为 4 厘米，确保每次按压后让胸廓完全回弹。

A / 打开气道（Airway）
抬起伤者下巴，使下颌到耳朵连线与地面垂直，确保其呼吸道通畅。

B / 人工呼吸（Breathing）
手放在伤者额头上，拇指和食指捏紧伤者鼻子，用嘴完全包住伤者的嘴。无须深呼吸，吹气 1 秒以上，确认胸腔有鼓起。松开捏鼻子的手，同时均匀吸气，再重复以上步骤。与胸外按压结合时，以按压 30 次、人工呼吸 2 次的顺序循环进行。

在心脏骤停现场急救中，心肺复苏配合 AED 除颤，存活率是单纯心肺复苏的 4 倍。由此，AED 也被称为“救命神器”。

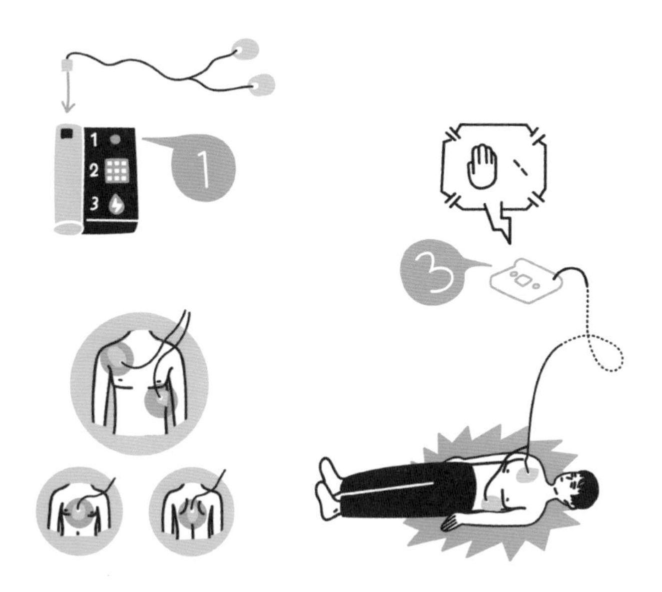

使用 AED

●按下 AED 开关，脱下伤者的衣服，按照图示将电极片贴在其裸露的皮肤表面。

●通常情况下，AED 将立刻开始分析患者心率，如果没有，请检查电极片插头是否插入仪器，然后远离伤者。

●根据 AED 的语音提示进行操作，当 AED 提示将进行除颤时，切记此时不要接触伤者。

●如果伤者没有恢复意识，不要去除电极片，根据 AED 提示继续进行心肺复苏，AED 将会持续检测，直到急救人员到达。

如何止血

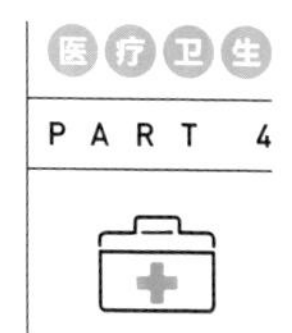

毛细血管出血

有血液溢出

静脉出血

血液大量涌出

动脉出血

血液喷射

针对较为表浅的中小动脉和静脉出血，你可以采取

●直接压迫法止血

用干净的纱布或其他敷料敷在伤口上，用手按压止血。按压同时抬高受伤部位，使其超过心脏水平线。为预防感染，请务必戴上橡胶手套或把干净的塑料袋套在手上操作。

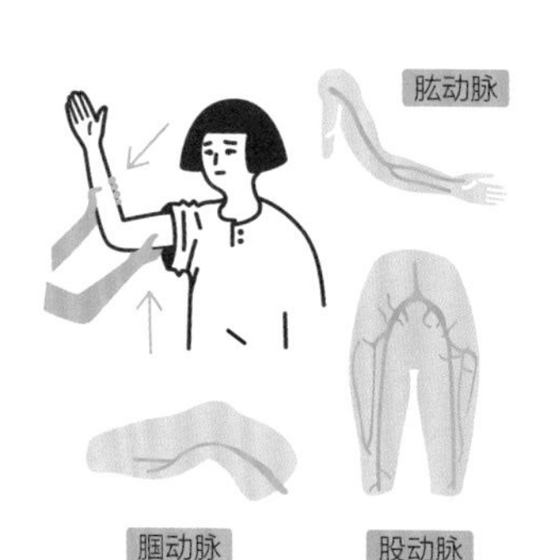

针对大动脉出血，你可以采取

●间接压迫法止血

原则是快而彻底，用一切办法，从出血位置的上游，即近心端进行血流阻断。常见三种处理方法如下：

●伤口在下臂：按压肱动脉（在手臂肘部和腋下之间的内侧）。

●伤口在大腿：按压股动脉（沿着比基尼线附近腹股沟）。

●伤口在小腿：按压腘动脉（在膝盖的后侧）。

骨折与扭伤的应急处理

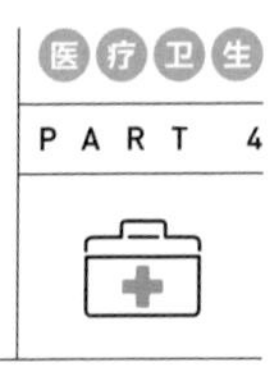

处理伤口

轻度无创伤的骨折，在肢体尚未肿胀时，用毛巾包裹冰袋进行冷敷处理，时间不超过 20 分钟。有创伤的骨折需要先止血，须注意避免二次受伤。。

固定

不要随意移动，迅速用夹板（可以用树枝、擀面杖、雨伞、硬纸板等物品代替）固定患处，夹板长度要超过受伤部位。固定不宜过紧。

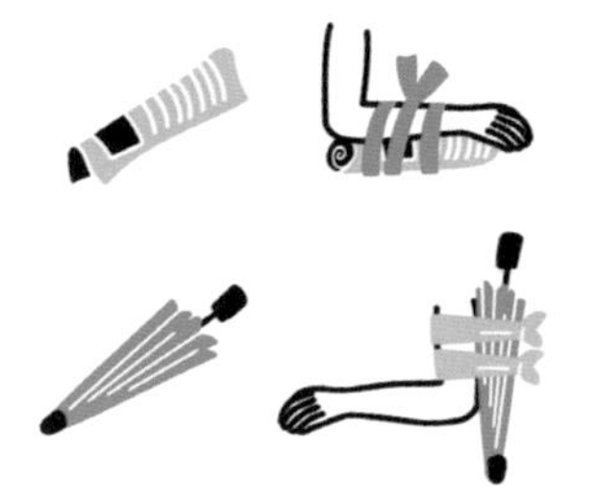

转运

使用三角布协助转运，打结处注意避开伤口。脊柱、腰部及下肢骨折的伤者必须用担架运送，不当搬运可造成瘫痪或死亡。

割伤的应急处理

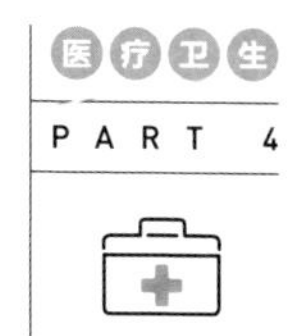

清创

用干净的水冲洗伤口。

止血

伤口仍在出血时，用干净的敷料覆盖伤口。除非医生建议，否则不建议使用任何药物止血。

包扎

出血得到控制后，用纱布包扎伤口。

烫伤的应急处理

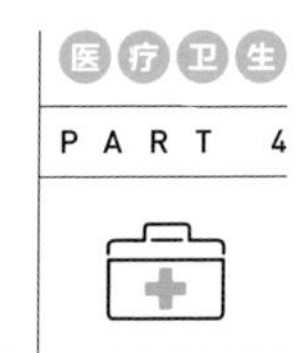

轻微烫伤时，为缓解疼痛，防止伤势往皮肤深部蔓延，可以用干净的水冲洗伤口 20 分钟，给伤口降温，但需要注意以下几点：

●有衣物或首饰粘连在伤口上时，为防止皮肤被撕破、感染，不要自行摘除。

●因为表皮已经十分脆弱，不要使用冰水冲洗或冰敷伤口，以免冻伤。

●某些成分可能再次对伤口形成刺激，甚至造成感染，所以不要听信偏方，擅自用药涂抹。

●轻微烫伤时，不要弄破水疱。水疱可以保护伤口，防止细菌入侵。

●如果没有感染，可以不包扎处理。

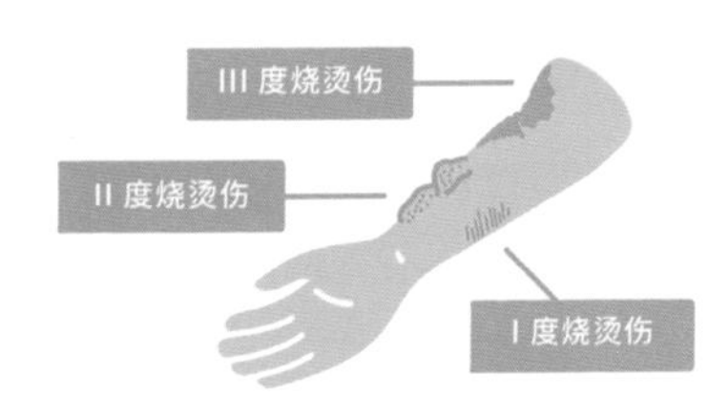

判断伤口属于哪种烧烫伤

I 度烧烫伤：红、肿、热、痛，无水疱，干燥，无感染，不破皮。

II 度烧烫伤：剧痛，敏感，有水疱。疱皮脱落后，创面均匀发红，水肿明显。

III 度烧烫伤：创面无水疱，呈蜡白或焦黄色甚至炭化，触之如皮革，痂下可显树枝状栓塞的血管。感觉消失。

减轻伤者负担

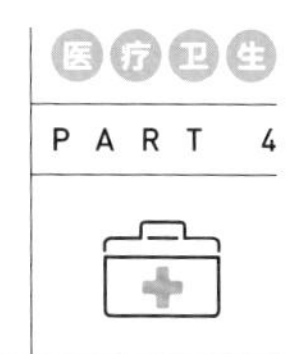

使患者感到舒适

让伤者采取舒服的姿势休息，向其表示“别担心，我来帮助你”。帮助其卸下身上的背包等重物，解开外衣和皮带，询问“有没有哪里痛”，听取伤者反馈。

保持体温

当伤者出现发抖、面色苍白、冒冷汗等情况时，为其盖上衣物或毛毯保暖，防止体温大幅下降。

伤者该采取什么姿势

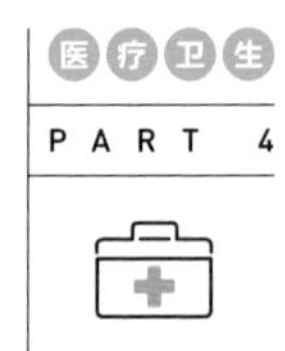

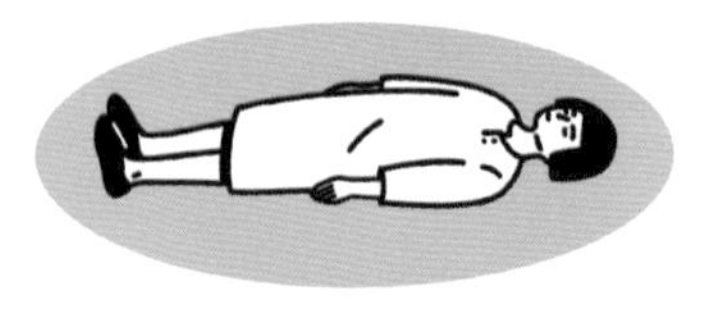

在平坦的地方仰卧是最常见的。

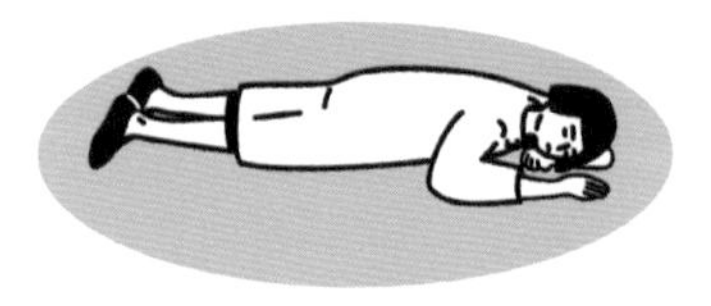

伤者有呕吐症状，或背部有伤时，头朝向一侧俯卧。

头部受伤时靠在支撑物上仰卧。

腹痛或腿部受伤时，用靠垫支起伤者的上半身和膝盖窝下方。

感到呼吸困难或胸部不适时，坐着将腿伸直，身体向前环抱着支撑物。

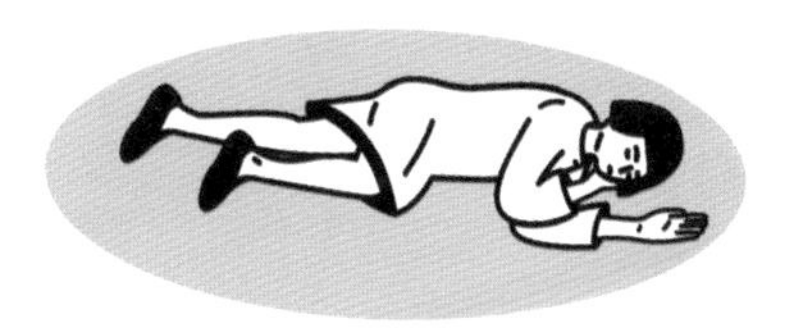

有呼吸但没有意识，让伤者侧卧并将上方的腿弯曲 90 度。

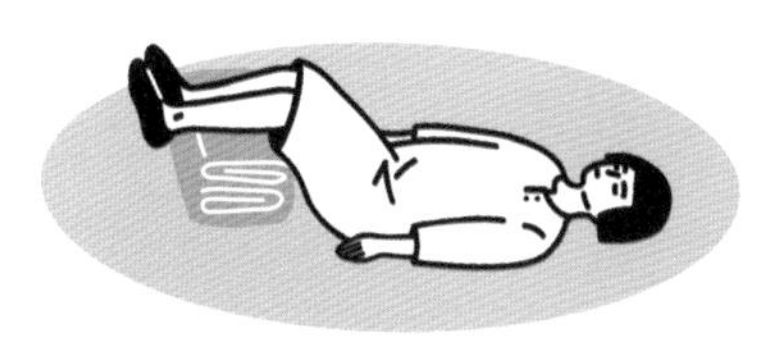

出现因中暑、贫血等导致的晕眩症状时，让伤者仰卧，用支撑物垫高脚跟部 15 — 30 厘米。

如何搬运伤者

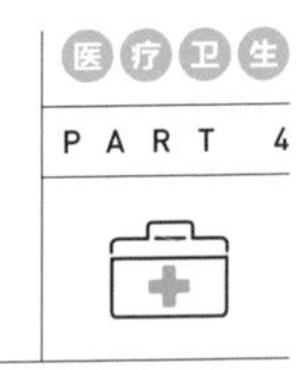

移动伤者前先检查受伤部位，如有脊椎、颈部受伤的可能，请不要移动伤者。盲目搬运会造成瘫痪或死亡。

背负式

扶助式

意识清醒的伤患

对于躺在地上的伤者，先帮助其缓慢坐起、站立后再移动，给其缓冲的时间，避免晕眩。搀扶时可以稍微抬起伤者上身，注意保护其腰部。背负伤者时，手从伤者膝盖下穿过，然后交叉握住其双手。

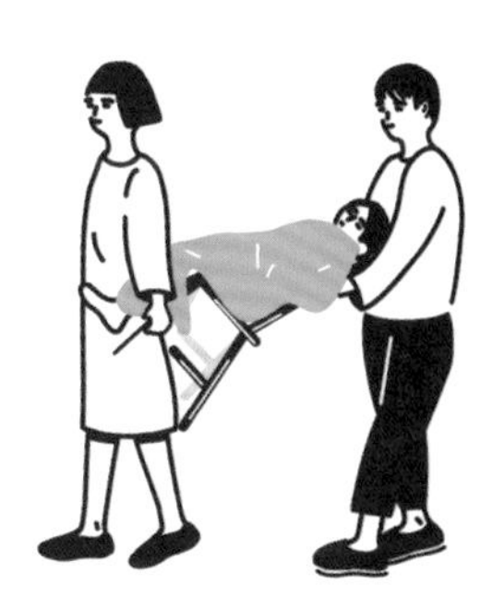

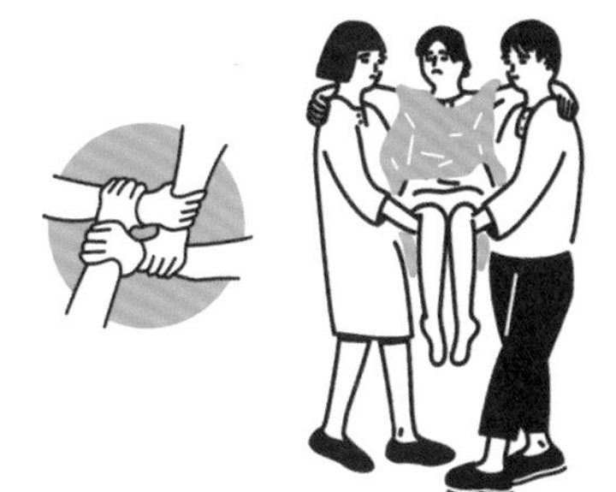

意识模糊或不清醒的伤患

使用担架固定搬运，让伤者的脚朝着移动方向。

没有担架时可用椅子、木板代替，或与同伴搭“四手担架”搬运。方法如下:

●与同伴分别蹲在伤者两边，一只手托举住膝盖关节处和颈部，另一只手共同从腰部穿过并紧握。

●缓缓站起并移动。

绷带怎么用

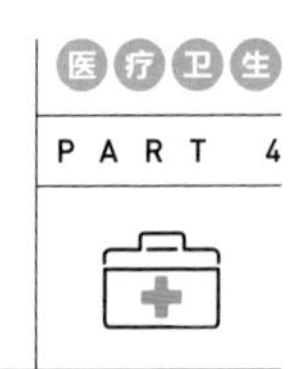

使用绷带前，应先处理好伤口，并用干净的敷料覆盖。

用绷带加压环绕肢体 4 - 5 圈，缠绕时要盖住敷料边缘。伤口发生肿胀时，不要使用缠绕式绷带。

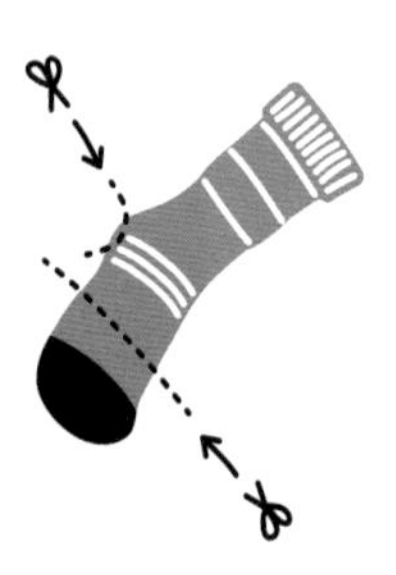

可用连裤袜、头巾、领带、手帕、毛巾、保鲜膜、尼龙袜子、床单等物品代替绷带。但它们必须是干净的。

保护双脚

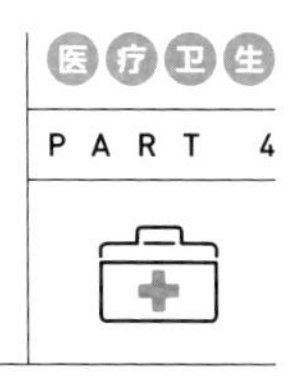

遭遇灾害时，地面环境可能会很糟糕。脚部一旦受伤，不仅行动困难，伤口还有可能感染。因此，提前做好脚部防护十分必要。

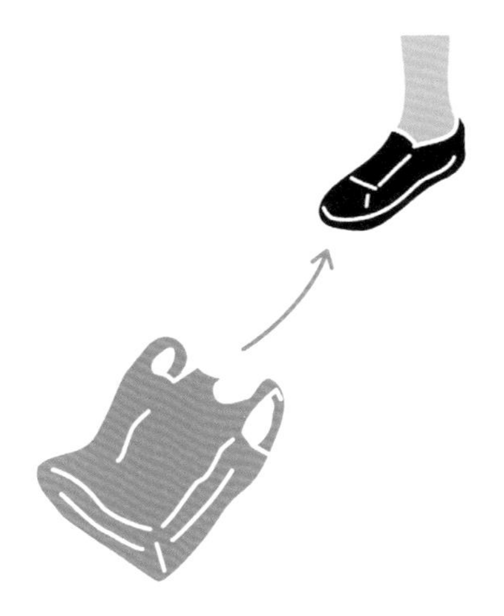

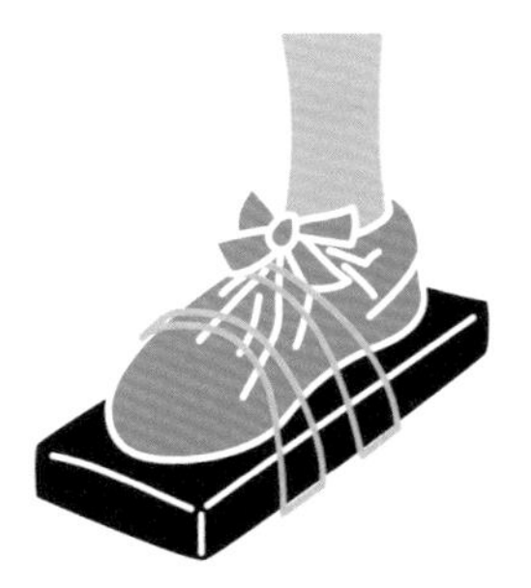

防水

材料：塑料袋、绳子

在鞋子外面套上塑料袋，在脚踝处扎紧，但注意不要太紧。

防受伤

材料：塑料袋、木板、绳子

在鞋子外面套上塑料袋后，在鞋底垫上结实的木板或其他硬物，用绳子系紧。

防止脱水

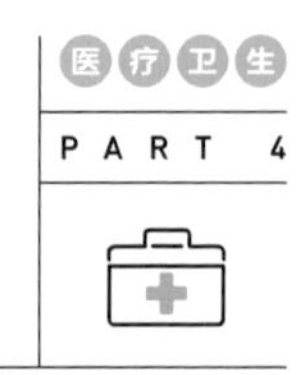

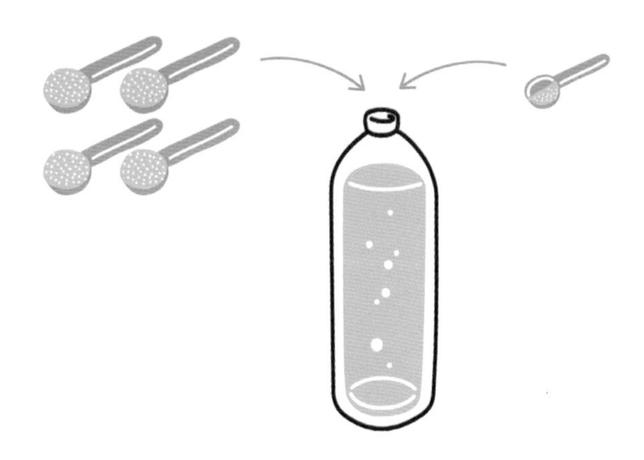

制作口服补水液

材料：水、砂糖、食用盐

向 1 升水中兑入 40g（约四大勺）砂糖和 4g（约半小勺）食用盐。

补充电解质

饮用淡糖水、淡盐水能在最快时间内帮助你的体液水平恢复正常。

食用含水量高的蔬果

如西蓝花、菜花、卷心菜、芹菜、西红柿等。

有些东西可能加剧脱水

并非所有带水分的食物、饮品都可以补水。食用高糖分水果、饮用带有咖啡因的饮料，都会加剧脱水。

▸ 了解紧急情况下如何蓄水 > P131/132

缺水时怎样保持个人卫生

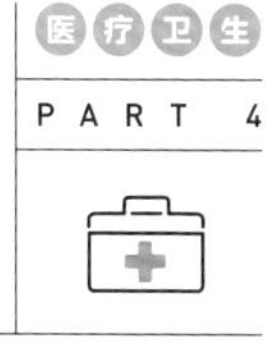

洗澡

用干净的容器或塑料袋收集雨水，用浸过水的毛巾擦拭身体。

也可以使用湿巾来清洁。

没有牙刷时的刷牙方法

将小块纱布、纸巾裹在手指上，擦拭牙齿、牙龈和舌头，最后用水漱口。

▸ 了解紧急情况下如何蓄水 > P131/132

如何防寒

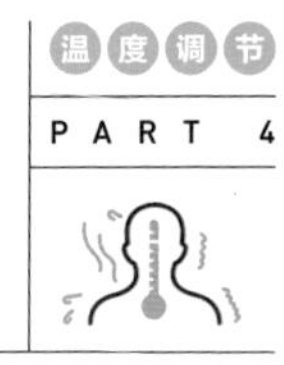

提高室内温度

隔绝冷气

●堵上所有不必要的通风口。

●关上不用的房门，这样其他房间不会参与热循环。

●利用泡沫卷、矿物棉、玻璃纤维、再生纸等材料实施家庭隔冷。

●利用地毯来给地板保温。屋内部分热损失是由于地板不保温导致的。

使用厚重的窗帘

●窗帘面料越厚重，保暖性越强。购买可拆卸的绒布衬里，天气回暖时也可以拆卸下来。如果不方便购置新窗帘，可采用廉价羊毛或其他替代品来制作。

●白天将百叶窗或窗帘拉开，让阳光照射进来；日落前及时关上，这样可以锁住屋内热量。

提高暖气片效率

●移走暖气附近的家具，不要将物品放置于暖气片上。如果暖气片被窗帘包裹，移开窗帘，让更多热量散发出来。

●给暖气安上热反射铝箔，热量就会被反射回屋内，有效避免被墙体吸收。

保暖

衣物本身并不会产生热量，而主要是通过减缓冷空气和体表的热量交换来保存热量。如果选择过硬的面料，穿在身上不仅会感到不适，也无益于保暖。因此应选择防风且薄软的衣物。

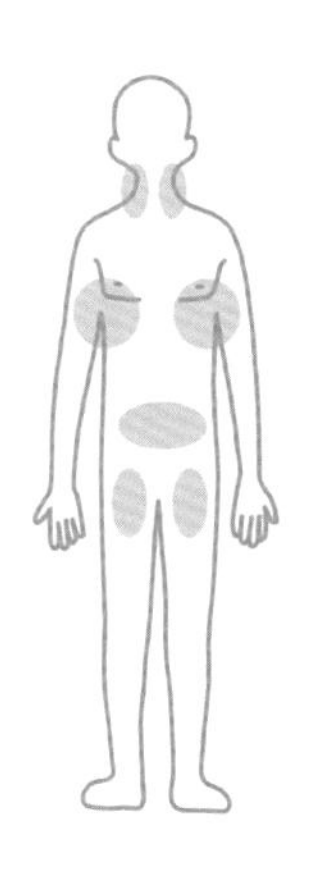

迅速让身体暖起来的方法

除了避免皮肤暴露在冷空气中，还应格外注意后颈、腋下、腿部与躯干结合处（腹股沟）的保暖。这些部位附近都有较粗的血管，做好保暖，可以让血液流动更为通畅。另外，在后腰做好保暖，可以帮助身体迅速暖和起来。夏天给这个部位降温，也可以预防中暑。

饮食

多喝热水、热汤，多吃坚果、优质碳水化合物和脂肪。优质蛋白质、复合碳水化合物和健康脂肪都能为身体补充能量，促进新陈代谢，提高自身的能量水平。缺铁的人也需要多补充蛋白质，来增强血液循环。

推荐食物

根据《中国居民膳食指南2016版》，人体所需的三大营养素为碳水化合物、蛋白质和脂肪。它们在体内的代谢过程中可以产生能量，所以被称为“产能营养素”。

碳水化合物	稻米、小麦、玉米、小米、大麦、薏米、燕麦、马铃薯、红薯、山药、芋头等
蛋白质	水产品（鱼虾蟹贝）、家畜（猪牛羊）、家禽（鸡鸭鹅）、鸡蛋、牛奶、豆浆等
脂肪	核桃、栗子、杏仁、花生、瓜子、植物油、动物油等

如何预防中暑

人体长时间暴露在高温环境中，体温调节可能出现问题，导致水、电解质代谢紊乱，神经系统功能损害，出现中暑症状。

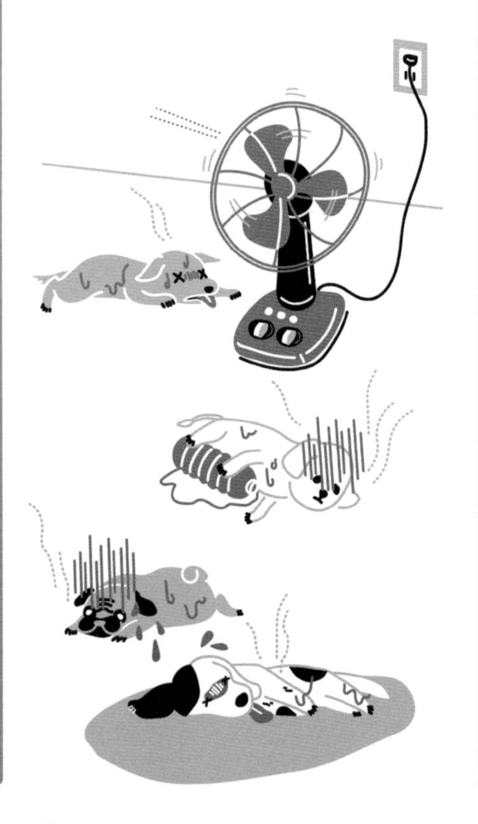

中暑症状有哪些表现

先兆中暑

- 体温一般低于 37.5℃
- 大量出汗
- 头晕、眼花、无力、恶心、心慌、气短
- 注意力不集中、定向障碍

V

轻症中暑

- 体温略高于 37.5℃
- 除先兆中暑的症状外，还可能出现下列症状：由循环功能紊乱引发的面色潮红或苍白、烦躁不安或表情淡漠、恶心呕吐、大汗淋漓、皮肤湿冷、脉搏细弱、血压下降、心率加快

V

重症中暑

- 体温常高于 40℃
- 头痛、麻木、眩晕、昏迷、不安或精神错乱、定向障碍、肌肉痉挛
- 皮肤出汗停止、干燥、灼热、绯红

如何帮助中暑的人

转移

立即帮助出现中暑症状的人离开高温环境，到阴凉通风处休息，但不要马上进入封闭低温的空调房。

降温

让中暑者平卧并敞开衣服，帮助其脱掉帽子、鞋袜，用毛巾沾冷水、擦拭其身体，加速降温。水温不要过低，更不要使用冰块，否则会出现心跳过慢或心搏骤停等情况。也不要用酒精擦拭身体，以免体温波动较大，引发危险。可在额头、太阳穴处涂抹清凉油来缓解症状，切忌服用阿司匹林、对乙酰氨基酚等退热药品。这类药物有可能加剧出血，在中暑时，尤其是晒伤起疱的情况下服用，会引发严重后果。

保持冷静

请中暑者深呼吸，转移注意力，缓解紧张情绪。如果有肌肉抽动现象，可以轻轻按摩肌肉，加快血液循环。

补充水和电解质

中暑导致的出汗会引发脱水。不能饮用冰水，也不能一次性补充大量水分。可尝试让中暑者喝几口淡盐水（一勺盐兑 1 升水）或运动饮料，补充流失的水分和电解质。普通白水也可以，但饮水速度不能过快，否则会引起休克。

急救送医

出现重症中暑症状时，需要立即送到医院救治，以免危及生命。搬运时应使用担架，运送途中用冷水擦拭中暑者面部及全身，可将冰袋放置于其颈部、腋下、腹股沟，加速降温，从而保护大脑、心肺等重要脏器。

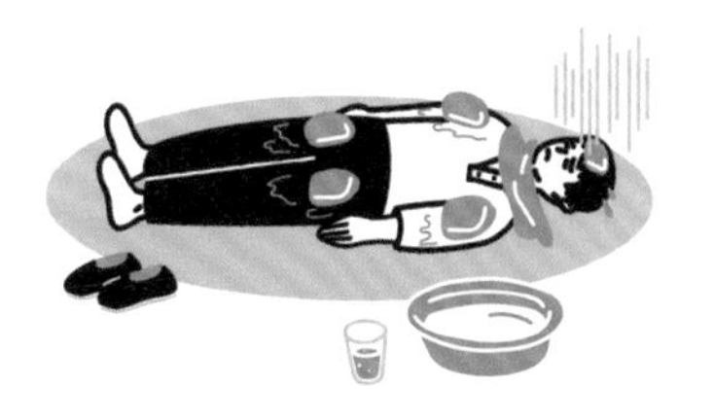

如何预防中暑

留意天气

记得关注高温预警信息，气温达到35℃以上时，需要提前做好防暑准备。

及时补水

●不要等到口渴再喝水。留意尿液颜色，正常尿液一般呈黄色或无色。

●少喝含酒精饮品。酒精会收缩血管，影响血液循环和身体散热。

●少喝含咖啡因饮品。高温天气下饮用会加快心跳，对身体不利。

避免阳光直晒

●避免在烈日下活动、劳作。

●外出做好防护，在阴凉的地方休息。利用宽檐帽、墨镜、遮阳伞防晒，涂抹防晒霜避免晒伤。

●在室内通过电扇、空调等降温时，注意合理使用，避免引发“空调病”。

●锻炼需要避开高温时段，一般为上午 11 点至下午 3 点。

●车内温度过高时，待在车里也会中暑。不要把孩子留在车里。

以下特殊人群需要格外注意

老人、儿童、孕妇、高温作业人群，以及有基础疾病的人群。

舒缓情绪

对于不同的环境相对湿度，每个人的体温调节极限也有所不同。湿度高于80%，气温超过35℃时，人体的调节中枢受到明显影响，有可能引发情绪失控，造成“情绪中暑”——夏季情感障碍综合征。

“情绪中暑”有哪些症状

●行为症状：强迫重复、坐立不安、冲动毁物、酗酒闹事等。

●认知症状：反应迟钝、注意力不集中、记忆力减退等。

●情绪症状：烦躁不安、兴趣丧失、焦虑抑郁等。

如何缓解“情绪中暑”

造成“情绪中暑”的主要原因是人体对环境适应性较差。可以尝试：

●顺应夏季昼长夜短的特点，调整工作和生活节奏。

●不要在封闭的房间内待太久，室内保持通风、干净与整洁。

●一日三餐保证营养，少吃油腻食物，多喝水，少饮酒。

●找朋友诉说烦恼，或者通过体育运动释放压力。

●如果出现意识不清、语言反常、行为过激等行为，需要及时就医。

如何制作简易餐具

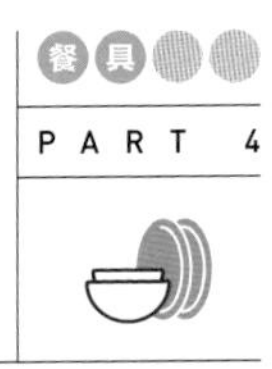

遇到紧急情况，缺乏卫生餐具时，你可以使用这些方法制作简易餐具。

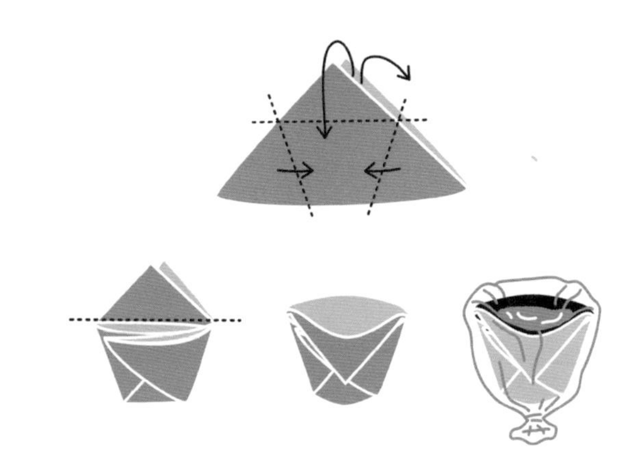

用报纸做纸杯

●材料：报纸、塑料袋或保鲜膜

●将半张报纸折成三角形，再叠成有底的杯状。

●在折好的纸杯上套上塑料袋或包上保鲜膜。更换塑料袋或保鲜膜，便可重复使用。

用报纸做纸碗

●材料：报纸、保鲜膜

●将半张报纸折成梯形，再叠成有底的碗状。

●在折好的纸碗上套上塑料袋或包上保鲜膜。更换塑料袋或保鲜膜，便可重复使用。

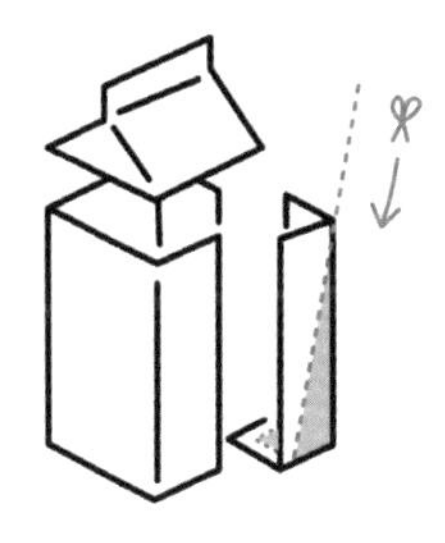

用牛奶盒做勺子

●材料：牛奶盒、剪刀

●将牛奶盒上部剪去，剩余部分用剪刀四等分。

●按图示的斜线部分剪开，便可作为勺子使用。勺子的深度取决于牛奶盒的大小和剪开的角度。

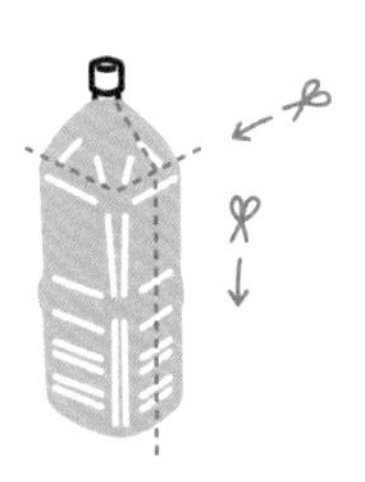

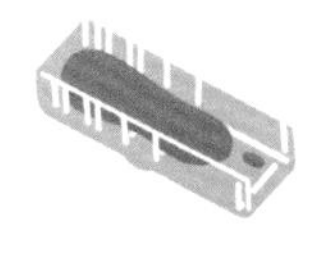

用塑料瓶做碟子

●材料：塑料瓶、剪刀

●用剪刀剪去大塑料瓶的瓶口，把剩余部分纵向剪开，可用来装汤汁少的食物。

●用剪刀把带盖的小塑料瓶瓶身的一侧剪去，可用来装汤汁较多的食物。

如何清洗餐具

必要时将干净的塑料袋套在餐具上，可减少洗涤次数。如果没有餐具洗涤剂，可以将餐具浸泡在 40℃ 以上的热水中去除油污，或用淘米水清洗。在洪水过后，清洗可能被洪水浸泡过的餐具和炊具并加以消毒，有助于预防疾病。

餐具和炊具的清洁和消毒

●材料：洗洁精、热水、温水、刷子、漂白剂

●用洗洁精、热水和刷子去除餐具和炊具上的污渍、淤泥或化学物质后，再用干净的水冲洗。

●把洗干净的餐具和炊具浸入消毒液中消毒。可以将 5 毫升（一茶匙）漂白剂放入 750 毫升（3 杯）温水中制成消毒液。热水可能会使漂白剂失效，从而减弱消毒效果。若没有漂白剂，也可以将餐具和炊具浸泡在 70℃以上的热水中消毒。

●餐具和炊具自然风干。不要使用毛巾擦干，否则有可能导致二次污染。

为避免供水中断带来麻烦，你可以准备这些

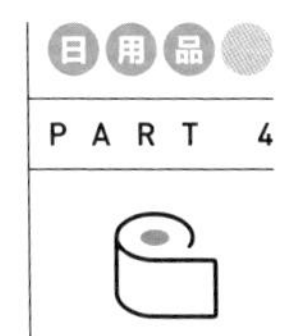

●发生灾害时，你可以提前在浴缸、洗脸池、水桶、平底锅、水罐等容器内蓄水保存。

●如果长期缺水，使用一次性餐具，这样就不必用水清洗了。

●使用免洗洗手液、湿纸巾等。

在户外如何蓄水

收集晨露

在膝盖处系上一块干净的布料（吸水的布），在早晨布满露水的草丛中四处走动，收集水分，然后将布料吸附的水分拧出，收集在容器里。一个成年人可以在大约 30 分钟内积聚约 500 毫升水，但要注意体力消耗。

用塑料瓶过滤水

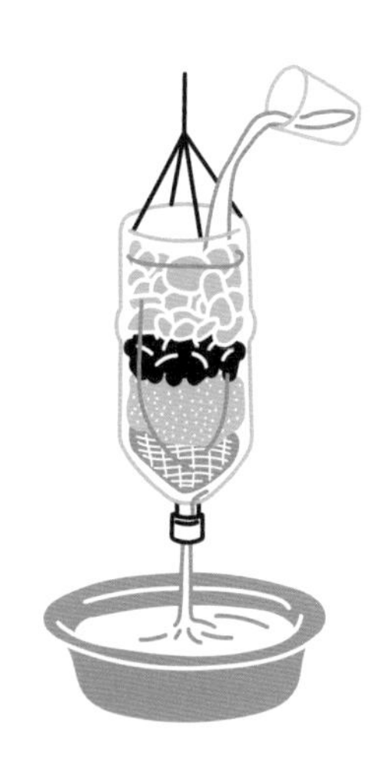

●材料：塑料瓶、鹅卵石、木炭（或篝火残渣）、沙子和纱布

●切开瓶底，在瓶盖上开一个小孔。

●瓶口朝下，将其倒置。

●按照鹅卵石、木炭、沙子和纱布的顺序填充塑料瓶，即可过滤雨水和河水。

收集雨水

●材料：桶、盆等宽而深的容器，帐篷布或塑料膜

●收集雨水,避免让水接触地面污垢。

●将帐篷布或塑料膜铺开，固定在坚硬的树木和墙壁上，中央稍微下垂，以便积水。

●如果下雨，可以在雨后摇动树叶、树枝，收集掉落的雨水。

用纱布过滤浑浊水

●材料：纱布等轻薄布料

●用一个大桶装满浑水。纱布一端浸泡在浑水桶，另一端垂在桶外。

●待纱布湿润，用力拧纱布外侧那端，挤出干净水并收集。

*** 通过以上方法收集、过滤的水，还需要煮沸 10 分钟杀菌，才能饮用。**

煮沸雪水

下雪时，可以将雪收集起来放在碗、盆中,煮沸后饮用。为避免水汽蒸发，可以盖上盖子（或者铝箔纸）再煮沸。下雪时气温较低，请注意节约燃料。如果将水和雪一起添加，导热提高，雪会化得更快。可以用咖啡过滤器、茶滤去除杂质。

如何制作简易厕所

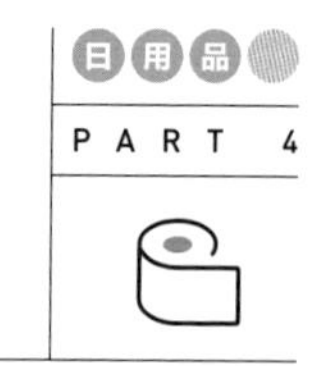

如果灾害后（比如一次强烈的地震过后），房屋的污水处理系统损坏，你可能要在没有卫生间的情况下生活数周或数月。为了避免排泄物无法及时清理造成疾病传播，可以参考以下方式搭建简易厕所。

停水时，改造你家的厕所

检查厕所是否在停水后仍可排水。如果可以排水，使用后用桶接水冲洗厕所。厕纸切勿丢弃在厕所，避免堵塞。如果不能排水，可以套上两层厚垃圾袋，并装上吸水的纸屑，以收集排泄物。

制作一个简易厕所

我们推荐双桶厕所：

●准备两个塑料水桶，分别作为大便桶和小便桶。将大小便分开处理，能减轻排泄物的异味。

●两个厚塑料袋层叠套在桶上。

●装入吸水材料（锯末、报纸、树皮屑、干树叶等），用它们吸收水分，可以减轻异味，防止蚊虫骚扰。

如何制作简易卫生巾

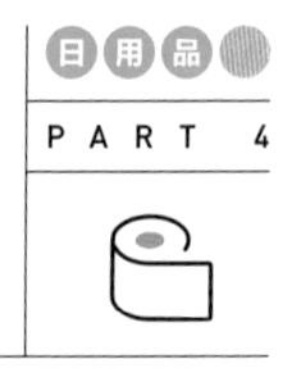

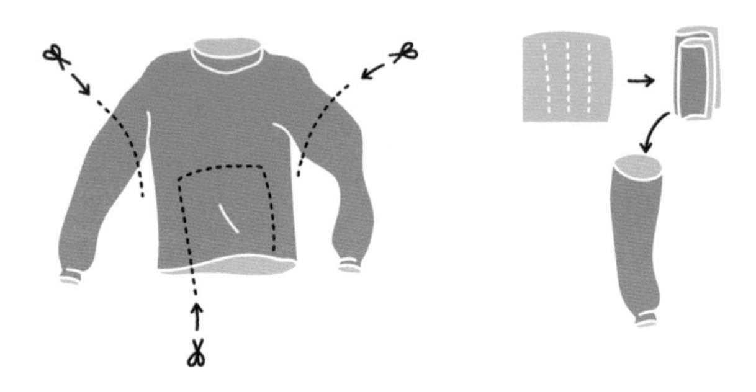

●**材料：棉质衣服**

●做法：从袖口开始剪下 20 厘米长的一段袖子。在衣服中央剪下一块布料，折叠后塞入之前剪下的袖子中

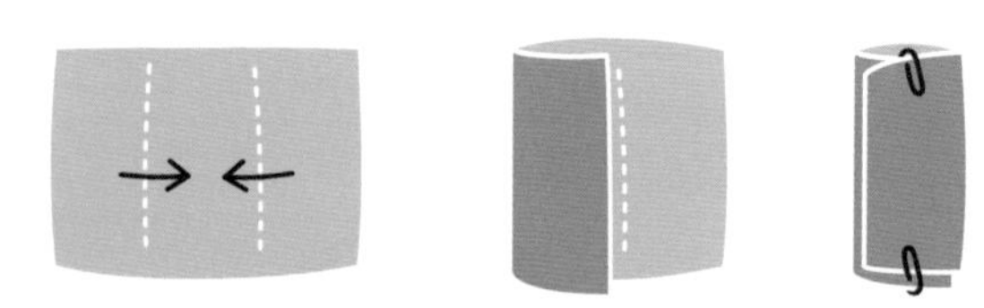

●**材料：手帕或手帕大小的棉布**

●做法：将布料展平，分成三等份折起。用回形针或胶带固定。

*** 上述材料清洗后可反复使用；如果不方便清洗，则使用后丢弃。另外，也可以折叠卫生纸、纸巾，当作卫生巾。紧急时，也可以用保鲜膜包住内裤裆部。**

如何制作简易尿布

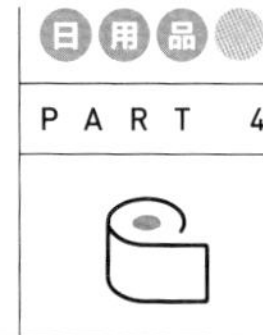

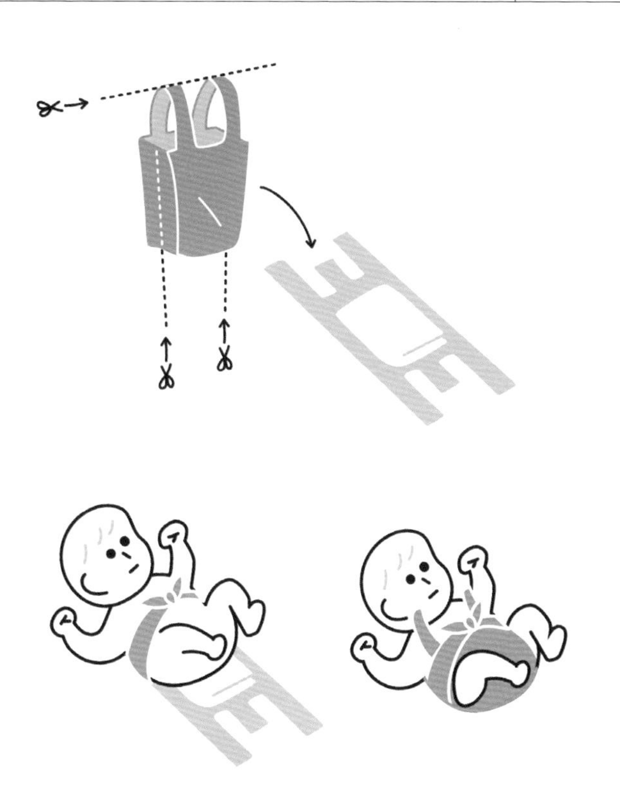

●材料：超市塑料袋

●做法：沿着超市塑料袋的提手部分向下剪开，再把提手一一剪开，将自制简易卫生巾、吸收性好的毛巾、纸巾垫在中间。给婴儿穿好后，重新将手提部分打结。

***上述材料清洗后可反复使用；如果不方便清洗，则使用后丢弃。**

如何制作简易绳索

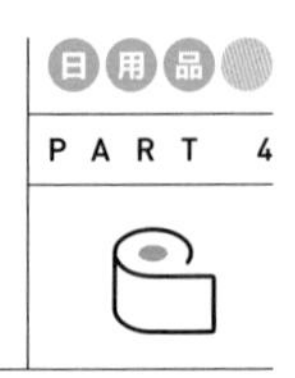

可以将床单撕成布条，再拧成一股，制成临时绳索。

逃生绳

●预估从窗户到地面的距离。层高约 3 米。

●使用平结连接布条。

●收集足够多的布条，保证绳子的长度足够到达地面。

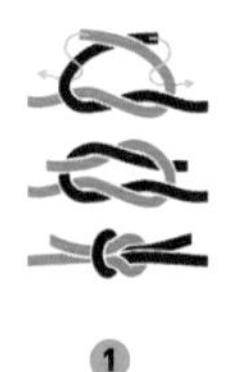

绳索连接的方法

①**平结：**连接两条绳索。

绳索缓冲点的打结方法

②**单结：**简单，不易滑动。

③**八字结：**较单结更牢固，拉紧后也方便解开。

把绳索固定在房间内物体上的打结方法

④**双八字结：**非常牢固，但拉紧后很难解开。

⑤**双套结：**适合打在固定的柱子、栏杆上作为主要受力点，能承受一定的垂直拉力，不易松开。

有哪些求助方式

SOS

国际通用的摩尔斯电码求救信号。危及时发出这一信号，可以迅速让周围的人知道你正处于困境。

被困在室外

●制造烟雾。点燃树枝后在火堆上放上潮湿的柴草，就可以产生烟雾。

●制作火光信号。以等腰三角形排列的三个火焰堆也是国际通用的求救信号。可以点燃树木，但注意不要引起火灾。

●利用镜子、罐头盒、玻璃、金属片等物品反射阳光，吸引他人注意。

●在高处或者山脊处移动，利用产生的影子轮廓引起救援人员注意。

被困在封闭区域

●站在阳台、窗口等容易被发现的地方。

●通过敲打物品、打手电筒、吹哨子、挥舞颜色鲜艳的衣物、呼叫的方式向外发送求救信号。

以防万一：电台求助

通过全国应急无线电频率紧急求助。全国业余无线电统一应急救援通信频率 U/V 段：

U 段：433.000MHz

V 段：145.000MHz

在这个部分，我们会梳理一些灾害背景基础知识，
然后主要向大家提供突发事件前后的社会支持系统的相关信息。

知识与对策，都是在不断发展、完善的。
我们希望，大家能从这本手册开始，
树立防灾意识，不断学习新的知识、更新防灾技能。

遇到灾害与突发事件的急救与自救，
不仅是个人的努力，更是全社会、全系统的联动。
大家在开展自救急救后，
也需要尽快传递求救信息、寻求国家和社会支援，
完成生活秩序的重建。

PART 5

你可能需要了解的相关知识

地震基础知识

地震是地壳运动引起的一种常见的自然现象。强烈的地震，会造成地面断裂、变形和建筑物损坏、倒塌，甚至导致人员伤亡，带来财产损失。其中，构造地震发生的次数最多，严重影响人类的生产生活。

地震的成因

种类	成因	
构造地震	自然原因	地壳运动
火山地震		火山喷发
陷落地震		地层崩塌
诱发地震		陨石坠落、水库蓄水、深井注水等外力因素
人工地震	人为原因	开山、采矿、爆破、地下核试验等人为活动

资料来源：根据公开信息整理

中国的地震带分布

全球主要有三个地震带：环太平洋地震带、喜马拉雅 — 地中海地震带，以及海岭地震带。中国就处在前两个地震带交界处。

中国的地震活动主要分布在 8 个地震区的 25 条地震带上：

- Ⅰ 环太平洋地震区
  - 台湾带
  - 东北带
- Ⅱ 喜马拉雅地震区
- Ⅲ 华北地震区
  - 郯城 — 庐江带
  - 海河（河北）平原带
  - 晋中（山西）带
  - 燕山带
  - 渭河平原带
  - 黄河下游带
- Ⅳ 东南沿海地震区
- Ⅴ 南北地震区
  - 贺兰山（银川）带
  - 六盘山带
  - 兰州 — 天水带
  - 武都 — 马边带
  - 安宁河谷带
  - 滇东带
- Ⅵ 西北地震区
  - 阿尔泰山带
  - 北天山带
  - 南天山带
  - 塔里木南缘带
  - 河西走廊带
- Ⅶ 青藏高原地震区
  - 西藏中部带
  - 康定 — 甘孜带
- Ⅷ 滇西地震区
  - 金沙江 — 元江带
  - 怒江 — 澜沧江带

根据北京师范大学环境演变与自然灾害教育部重点实验室发布的报告《中国城市地震灾害危险度评价》，曾经发生过等效 6.5 级以上近源地震的城市主要集中在华北地区、东南沿海、西北地区和西南地区。发生过中强级别近源地震的城市，其下方存在着潜在震源，需要特别重视防震。

另外，根据中国地震局地质研究所邓起东等发表的《中国活动构造与地震活动》一文，可以发现，迄今为止，有记载以来，中国共计发生 8 级以上巨大地震 21 次，其中南北地震区、青藏高原地震区，以及西北地震区发生巨大地震的频率明显较高。

资料来源：《中国国家地理》2008 年第 6 期

地震到底是“几级”

震级　震级用来描述地震释放能量的多少。目前国际上通用的是“里氏震级”，由美国地震学家查尔斯·弗朗西斯·里克特与其同事宾诺·古登堡在1932年确立。里氏震级表共分为9个等级，数字越大，地震释放的能量越多。震级每增加一级，地震释放的能量约是上一级的32倍。

里氏震级划分方式

地震程度	震级	察觉程度
弱震	小于3级	一般不易察觉
有感地震	大于或等于3级，小于或等于4.5级	能察觉到，但一般不会造成破坏
中强震	大于4.5级，小于6级	可造成破坏，破坏程度与震源深度、震中距、震中地区地形和建筑特点等因素相关
强震	大于6级，小于8级	能造成严重破坏
巨大地震	大于或等于8级	造成巨大破坏

资料来源：中国地质科学院地质研究所（http://www.igeo.cgs.gov.cn/kpyd/dxzs/201608/t20160811_352186.html）

烈度　烈度指地震引起的地面震动及其影响的强弱程度，用来衡量地震时地面建筑物受破坏的程度、地形地貌的改变程度。一般震级越大、震源越浅，地震的烈度也越高。震中区地震的烈度最高。

中国地震烈度划分

地震烈度	人的感觉	造成的影响
I 度	无感	–
II 度	室内个别人在静止时有感觉	–
III 度	室内少数人在静止时有感觉	门、窗轻微作响；悬挂物轻微摆动
IV 度	室内多数人、室外少数人有感觉	门、窗作响；悬挂物明显摆动，器皿作响
V 度	室内绝大多数人、室外多数人有感觉	屋顶灰土掉落；悬挂物大幅度晃动，不稳定器物摇动或翻倒
VI 度	多数人站立不稳，少数人惊逃户外	个别房屋出现轻微损坏；家具和物品移动；河岸和松软土地出现裂缝
VII 度	大多数人惊逃户外，骑自行车的人有感觉，行驶中的汽车驾乘人员有感觉	少数房屋出现中度损坏；物体从架子上掉落；河岸出现塌方
VIII 度	多数人摇晃颠簸，行走困难	少数房屋出现严重损坏；干硬土上出现裂缝
IX 度	移动中的人会摔倒	少数房屋毁坏；多数房屋严重损坏；干硬土上多出现裂缝
X 度	骑自行车的人会摔倒，处于不稳定状态的人会摔离原地，有抛起感	多数房屋毁坏；出现山崩和地震断裂
XI 度	–	绝大多数房屋毁坏；地震断裂延续很大
XII 度	–	房屋几乎全部毁坏；地面剧烈变化

注：“个别”为10%以下，“少数”为10%—45%，“多数”为40%—70%，“大多数”为60%—90%，“绝大多数”为80%以上。

资料来源：中国地震局2008年最新修订实施的国家标准《中国地震烈度表》(GB/T 17742-2008)

台风基础知识

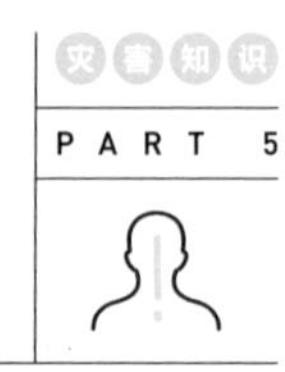

什么是台风

台风是一种热带气旋。热带气旋是发生在热带或亚热带洋面上的低压涡旋，中国把西北太平洋和南海的热带气旋按其底层中心附近最大平均风力（风速）大小划分为 6 个等级，其中风力 12 级（118 千米 / 时）或以上的，统称为台风。台风会带来狂风、暴雨和风暴潮。

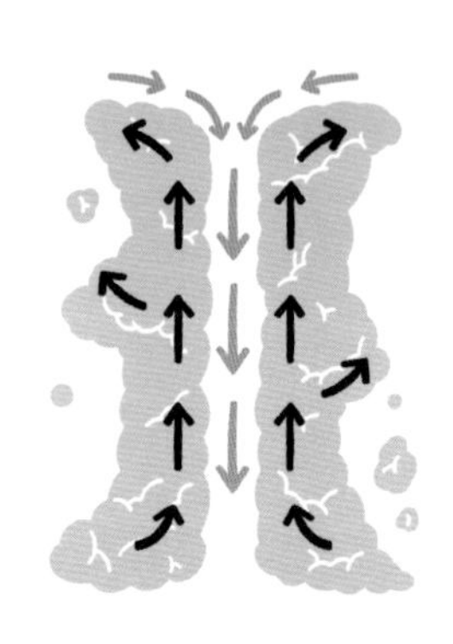

热带气旋的等级

热带气旋按中心附近地面最大风速划分为超强台风、强台风、台风、强热带风暴、热带风暴、热带低压六个等级。

中国将热带气旋划分为 6 个等级

等级	标准
热带低压	中心附近风力可达 6 — 7 级，或阵风 7 级以上
热带风暴	中心附近风力 8 — 9 级，或阵风 9 级并可能持续
强热带风暴	中心附近风力为 10 — 11级，或阵风 11 级并可能持续
台风	中心附近风力为 12 — 13级，或阵风 13 级并可能持续
强台风	中心附近风力为 14 — 15级，或阵风 15 级并可能持续
超强台风	中心附近风力为 16 级或以上，或阵风 17 级并可能持续

资料来源：中国气象局 2006 年最新修订实施的国家标准《热带气旋等级国家标准》（GB/T 19201-2006 ）

1949 年至今
中国部分重大自然灾害

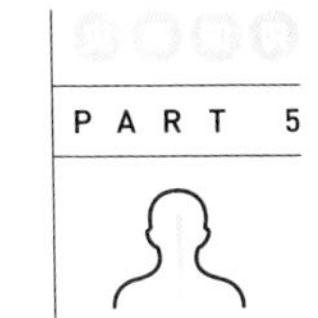

灾害名	位置	时间	后果
舟曲泥石流	甘肃省甘南藏族自治州的舟曲县	2010 年 8 月 7 日	1481 人死亡，284 人失踪
玉树地震	青海省玉树藏族自治州玉树县	2010 年 4 月 14 日	2698 人死亡，270 人失踪
汶川大地震	四川省阿坝藏族羌族自治州汶川县映秀镇附近	2008 年 5 月 12 日	69227 人死亡，374643 人受伤，17923 人失踪
2008 年南方雪灾	安徽、江西、河南、湖北、湖南等 20 个省区市	自 2008 年 1 月 3 日起	129 人死亡，4 人失踪；农作物受灾面积 1.78 亿亩
台风桑美	登陆浙江省苍南县马站镇	2006 年 8 月 10 日	483 人死亡
1998 年特大洪水	长江、松花江、嫩江等主要河流干支流	1998 年夏天	4150 人死亡；直接经济损失 2551 亿元
9417 号台风	在温州市瑞安梅头镇（今温州市龙湾区海城街道）登陆	1994 年 8 月 21 日	1000 余人死亡（不完全统计）
唐山大地震	河北省唐山市	1976 年 7 月 28 日	242769 人死亡，164851 人重伤
台风玛琪	在海南区琼海博鳌镇登陆	1973 年 9 月 14 日	超过 900 人死亡
邢台大地震	河北省邢台隆尧县东	1966 年 3 月 8 日	8064 人死亡，38451 人受伤
阿萨姆-西藏地震	喜马拉雅山南麓	1950 年 8 月 15 日	中国约 4000 人死亡；印度 1526 人死亡

资料来源：根据公开信息整理

受灾之后
如何获得援助

你可以向哪些部门申请哪些补助

在中国，各地乡镇人民政府、街道办事处会建立统一受理社会救助申请的窗口。如果一时难以确定向哪个部门求助，你可以向所在地区的民政部门及其下辖的社会救助经办机构（如民政局社会救助科、社会福利科、救灾救济科、低保事务管理中心等）求助，获取转办指引。

●自然灾害的救助

通常由县级民政部门审核、发放《灾民救助卡》，如果你被确定为需政府救济的灾民，即可凭卡领取救济粮和救助金。

●遭受火灾、交通意外、重大疾病等非自然原因引起的事故

你可以向所在地乡镇人民政府（街道办事处）或县级人民政府民政部门申请临时救助，这些部门将帮助你获得临时食宿、急病救治，或协助你从灾区、外地返回原住地。

●若受灾情影响，无法自主支付包括就医、就业、受教育在内的各种常规生活需求，你还可以

- 向乡镇人民政府、街道办事处申请**医疗救助、住房救助**；
- 向劳动保障部门或住所地街道、社区设立的就业服务窗口申请**就业救助**；
- 向就读学校申请**教育救助**。

资料来源：中华人民共和国民政部（http://www.mca.gov.cn/article/fw/bmzn/shjz/）

你需要准备什么

需要注意的是，各地受理单位所要求的具体申请材料可能存在差异。准备申请材料前，建议提前咨询所在地街道办事处 / 乡镇人民政府的民政部门，备齐后再提交。一些申请表需要自备，并有固定格式，一般需要在当地人民政府民政部门的官网下载并填好。

●《灾民救助卡》申请人通常需要提供以下材料

- 个人申请书或表明由村（居）委会代为申请的申请书；
- 村（居）委会提供的证明申请人基本生活困难，需要政府救济的调查材料；
- 乡镇（街道办）的审核意见。

●临时救助申请人通常需要提供以下材料

- 临时救助申请书；
- 申请人身份证、户口簿（或当地居住证、实际居住的相关证明材料）；
- 家庭（个人）经济状况核查授权书；
- 家庭（个人）遭遇火灾、交通事故、重大疾病，以及非义务教育等必需支出突然增加等基本生活困难相关证明材料；
- 其他相关证明材料。

●医疗救助申请人通常需要提供以下材料

- 申请人身份证或户口簿原件及复印件；
- 社会孤老、城乡低保户的相关证明；
- 医疗单位诊断证明、医疗费支付证明（发票）原件；
- 家庭成员收入证明。

●就业救助申请人通常需要提供以下材料

- 申请人身份证、户口本簿件和复印件；
- 加盖有乡（镇）社会救助和劳动保障所印章的《就业困难人员申请认定表》；
- 《就业失业登记证》原件及复印件；
- 失去土地的农民转为城镇户口的失业人员，需准备国土部门出具的土地被征用证明和乡（镇）派出所出具的农民转为城镇户口的证明；

- 零就业家庭就业困难人员应出具《零就业家庭认定证明》；
- 就业困难的高校毕业生，应准备相关证明及证件原件和复印件，主要包括《零就业家庭认定证明》，或《低保证》，或在校期间申请并获得助学贷款证明，或父母持有的《残疾证》，或本人在校期间家庭发生重大变故或灾难，且经民政部门认定属社会扶助对象的其他证明。

●教育救助申请人通常需要提供以下材料

- 教育救助申请书；
- 《低保证》或特困供养人员证明；
- 申请人照片、身份证、户口簿；
- 申请人学生证。

●住房救助申请人通常需要提供以下材料

- 当地保障性住房申请表；
- 申请家庭成员收入及承租单位房情况证明表（有单位者单位盖章，无单位者由村委会或其他地方部门盖章）；
- 住房情况证明表：借住需借住证明，租赁需租赁合同；
- 无房者提供无房证明；
- 申请人户口簿、家庭成员身份证、婚姻证明；
- 无工作者的未就业证明（女性55周岁，男性60周岁以上可不提供）；
- 入户调查表；
- 外来人口居住证、纳税证明；
- 低保证明；
- 家庭收入证明。

以上申请材料整理自各地政府官方网页。一些信息可能会更新，你也可以访问 http://hotline.treeyee.com，获取各地社会救助服务热线号码，了解更多最新信息。

这些补助的标准是什么

不同地区的补助标准各不相同。申请前，你可以向所在地的民政部门咨询，或拨打各地开设的 12345 市政热线了解申请流程。

各类补助内容

补助类型	**内容与标准**
临时补助	金额标准通常与当地的经济水平相适应。目前，救助对象获得救助的限额没有全国统一要求。
医疗救助	补贴医疗保障中的个人缴费部分、补助保险报销后难以支付的基本医疗费用等。
教育救助	减免学费等相关费用、发放助学金、给予生活补助、安排勤工助学等，保障教育救助对象的基本学习、生活需求。
就业补助	包括贷款贴息、社会保险补贴、岗位补贴、培训补贴、费用减免、公益性岗位安置等办法。 **最低生活保障家庭有劳动能力的成员均处于失业状态的，**县级以上地方人民政府将采取有针对性的措施，确保该家庭至少有一人就业。 **吸纳就业救助对象的用人单位，**按照国家有关规定享受社会保险补贴、税收优惠、小额担保贷款等就业扶持政策。
住房救助	配租公共租赁住房、发放住房租赁补贴、农村危房改造。

资料来源：中国政府网（http://www.gov.cn/zwgk/2014-02/27/content_2622770.htm）

再就业支援

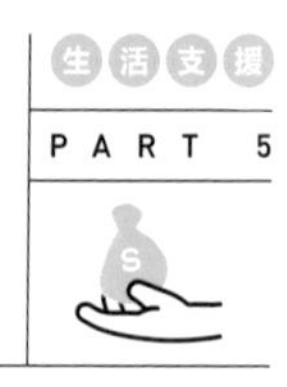

你可以申请这个证件

失业时，可以考虑申请、使用《就业创业证》。这是劳动者按规定享受就业扶持政策和接受公共就业服务的有效凭证。

你可以到户籍或常住地街道、乡镇社会保障事务所申请办理《就业创业证》。凭此证可享有相关就业扶持和职业培训支援。遇到严重灾害，国家及地方政府会推出特定就业援助政策。可以关注地方人力资源和社会保障部门网站、中国就业网、人社政务服务平台、掌上 12333（人力资源和社会保障 App）等渠道了解最新信息。

你可以向这些机构咨询

你可以联系地方公共就业和人才服务机构，咨询就业与招聘信息。该机构提供以下服务：

①就业政策法规咨询；

②职业供求信息、市场工资指导价位信息和职业培训信息发布；

③职业指导和职业介绍；

④对就业困难人员实施就业援助；

⑤办理就业登记、失业登记等事务；

⑥其他公共就业服务。

你可以申请这些补贴

●失业保险金

●领取条件：

①按照规定参加失业保险，所在单位和本人已按照规定履行缴费义务满一年的；

②非本人意愿中断就业的；

③已办理失业登记，并有求职要求的。

● 申领机构：符合条件的失业人员可到参保地失业保险经办机构办理申领手续，根据个人缴费年限核定具体领取金额以及期限。

●职业培训补贴

城镇登记失业人员可到各类职业院校（含技工院校）、普通高等学校、职业培训机构和符合条件的企业寻求职业技能培训或创业培训。培训合格的人，可向当地人力资源和社会保障部门申请职业培训补贴。就业困难人员和零就业家庭人员可在培训期间申请生活补贴。申请材料包括：①基本身份类证明（包括身份证、《就业创业证》、社会保障卡，政策申办对象根据实际情况选择其一提供即可）原件或复印件；②培训机构开具的税务发票（或行政事业性收费票据）等。

●求职网站推荐

我们为你提供了官方发布的就业信息平台，你可以扫码查看更多信息。另外，你也可以通过市场化招聘平台找到更多工作机会。

扫码了解中国公共招聘网和各省份公共就业服务信息平台

http://www.mohrss.gov.cn/SYrlzyhshbzb/dongtaixinwen/buneiyaowen/202002/t20200207_358317.html

资料来源：中国人力资源和社会保障部、中国政府网。可能存在官网信息更新导致二维码无法访问的情况。你可以访问中国人力资源和社会保障部官网（http://www.mohrss.gov.cn）和中国政府网（http://www.gov.cn），了解与中国公共招聘网、各省份公共就业服务信息平台以及地方公共就业和人才服务机构的更新信息。

各种贷款

复学贷款

中国目前没有针对灾后复学的统一援助制度。但发生严重灾害时，中国会推出特定助学政策。可以关注中国教育部全国学生资助管理中心网站，了解针对幼儿园、小学、初中、高中、职高、大专院校等各类院校学生的援助政策信息。你可以通过所在学校申请这些援助。

扫码了解学生资助政策简介

http://www.xszz.cee.edu.cn/index.php/lists/109.html

资料来源：全国学生资助管理中心。可能存在官网信息更新导致二维码无法访问的情况。你可以访问中国教育部“全国学生资助管理中心”网站（http://www.xszz.cee.edu.cn/），了解更多最新政策信息。

面向中小企业主的贷款

中国目前没有专门针对灾后中小企业贷款的统一援助制度。但发生严重灾害时，国家及地方政府会推出贷款贴息、调整还款付息安排、降低融资成本等有针对性的扶持政策。可以关注国家中小企业政策信息互联网发布平台了解最新信息。因灾害遇到经营困难的中小企业，也可以考虑通过以下方式，向各大银行咨询贷款援助。

国家中小企业政策信息互联网发布平台

http://www.sme-service.cn/?id=news

●小企业经营循环贷款

银行和借款人签订一次性借款合同。在合同规定的期限和最高额度内，可以随时借款、还款，循环使用。签订合同后，支取贷款不用走专门的审批流程，能在较短时间内提取现金。

●小企业联合担保贷款

3 家以上小企业自愿结合，每家缴纳一定数量的保证金，共同向银行申请联合担保贷款。多企业联合申请可以享有更高额度，也承担连带担保责任。

●动产抵押贷款

将汽车、货物、设备等银行认可的物品进行抵押，获取一定额度的贷款。适合缺乏一般抵押物品、有短期借款需求的企业。

●小企业信用担保贷款

符合政府产业政策导向、政府鼓励支持型小企业可申请担保贷款，由政府独立出资或与其他出资人共同出资担保。需要向担保机构提出贷款申请，由其提供信用保证，协助获得银行贷款。

资料来源：国家中小企业政策信息互联网发布平台。可能存在官网信息更新导致二维码无法访问的情况。你可以访问国家中小企业政策信息互联网发布平台（http://www.sme-service.cn/?id=news），了解国家及地方政府推出的中小企业贷款扶持政策更新信息。

心理援助与法律援助

生活支援

PART 5

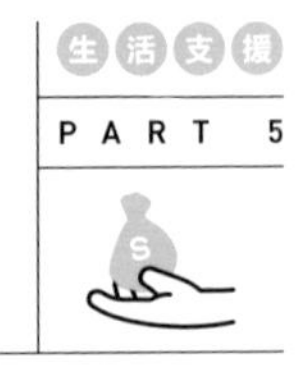

心理援助

在灾害面前，人们不仅会经历身体上的创伤，更可能遭受心理上的打击。灾害发生后，当自己或身边的亲友出现抑郁、悲伤、恐惧等不良情绪反应时，应向专业的心理咨询机构寻求援助。

●你有这些不良情绪反应吗

灾害过后，你可能会出现以下不良反应。寻求心理咨询和援助，可以帮助你恢复正常生活，避免造成更严重的心理疾病。

灾害事件再体验

□ 不自觉地回忆起灾害事件，并感到身心上的痛苦

□ 灾害有关的经历反复在梦中出现，并伴有恐惧、害怕等情绪

□ 有时会感到灾害重演，甚至不自觉地做出犹如灾害事件再次发生的行为

回避

□ 避免回忆灾害相关的场景和当时的情感

□ 遇到能让你想起灾害的人、地方、对话、活动、物品、场景，会努力避开

□ 警觉性增高

□ 容易受到惊吓

□ 常常感到紧张或焦躁不安

□ 爱发脾气

□ 容易失眠或睡眠质量不佳

□ 难以集中注意力

负面的认知和情绪

□ 不记得灾害事件的重要情节

□ 对于自己、他人或世界存在负面想法（比如“我很糟糕”“世界很可怕”）

□ 感觉朋友和家人在孤立、疏远自己

□ 对曾经喜爱的活动丧失兴趣

□ 常常被负面情绪包围，很难感受到幸福和满足

□ 对灾害事件的认知发生扭曲，认为是自己或他人的错

面对灾害，儿童和青少年更容易出现极端反应。年长者的表现通常与成年人相似，但也会出现具有干扰性的、无理的行为以及自责的情绪，或产生报复的念头。

6 岁以下的儿童，可能会出现以下反应

☐ 在已经学会上厕所的情况下尿床
☐ 忘记如何说话或无法说话
☐ 在玩耍时重演灾害事件
☐ 对父母或其他成年人表现得异常黏人

如有需求，
你可以向这些心理援助平台求助

全国社区心理援助中心

http://www.xinliyuanzhu.com.cn/

登录中国发展简报网站，查询心理咨询相关的 NGO 组织

http://www.chinadevelopmentbrief.org.cn/directoryindex.html

法律援助

当灾害引发争议事件，需要法律支援时，可以请律师提供法律援助。如果因经济问题或其他因素，难以通过一般法律救济手段保障自身基本的社会权利，可以向法律援助机构或司法行政机构申请法律援助。申请时，必须由单位或居委会、村委会出具书面证明，如果申请事由合理，受理机构会在收到当事人书面申请的 20 个工作日之内予以答复。

法律咨询及全国
法律援助机构查询平台

中国法律服务网

http://www.12348.gov.cn/#/homepage

灾害志愿者会做什么

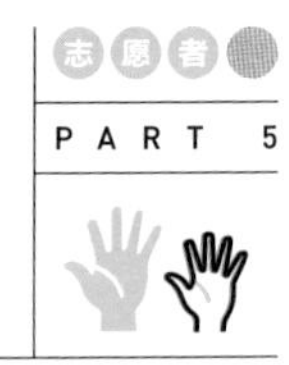

灾害志愿者指的是在灾区从事志愿服务的个人。日本自然灾害频繁，这类志愿者广受认可，还有专门的组织。以 2011 年东日本大地震为例，到 2020 年，已有超过 150 万名志愿者参与救灾和灾后重建。中国没有“灾害志愿者”这个特别分类，但 2008 年汶川大地震发生后，中国国务院于当年 6 月 8 日颁发《汶川地震灾后恢复重建条例》，明确了如志愿者等社会各界力量在救灾中发挥了良性作用，政府应与他们合作。

根据中国自 2017 年 12 月 1 日起执行的《志愿服务条例》，志愿者是以自己的时间、知识、技能、体力等从事志愿服务的自然人。志愿服务一般是自发、无偿、公益的。不只是救灾活动、灾后重建，志愿者还可以做很多事，如医护、献血、支教、劳工、社区服务、心理援助、信息支援、在线支援等。

在灾区，一般有这 6 种志愿者

支援志愿者	医疗志愿者	供应志愿者
通过在线或线下支持，提供沟通协调、信息服务等支援的志愿者	紧急救援阶段提供生命救援、医疗保障的专业志愿者	提供食物、水等生活必需品，以及帐篷搭建等服务的志愿者
爱心志愿者	**献血志愿者**	**技术志愿者**
提供儿童陪伴、孤残照料的爱心志愿者	自愿参加献血活动的志愿者	提供水电供应、通信支持等专业技术服务的志愿者

志愿者可以选择加入志愿服务组织，或依法自行开展志愿服务。志愿服务组织应是“依法成立，以开展志愿服务为宗旨的非营利性组织”，是民政部下辖的社会组织，可以采用社会团体、社会服务机构、基金会等多种组织形式。截至 2020 年 3 月，中国共有社会组织约 86.7 万个，包括社会团体、基金会、民办非企业单位、涉外社会组织和慈善组织。

你可以扫码查看中国各级别社会组织数据，详细了解中国各地社会组织的地域分布、组织数量、增长率等信息。

社会组织总览

http://data.chinanpo.gov.cn/

资料来源：美国北加利福尼亚红十字会防灾手册《做好红十字会准备》、NHK《防灾第一线》广播节目（2018 年 11 月 14 日首播，https://www3.nhk.or.jp/nhkworld/zh/ondemand/audio/bosai-20181114-1/）、日本全国社会福祉协议会《东日本大地震：岩手县、宫城县、福岛县的志愿者活动人数》（发布于2018年3月9日）。可能存在官网信息更新导致二维码无法访问的情况。你可以访问“中国社会组织公共平台大数据”网站（http://data.chinanpo.gov.cn/）了解更多信息。

灾害志愿者的原则

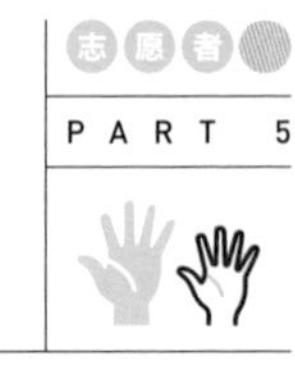

中国《志愿服务条例》规定，“志愿者开展志愿服务，应当遵循自愿、无偿、平等、诚信、合法的原则，不得违背社会公德、损害社会公共利益和他人合法权益，不得危害国家安全”。

在灾害志愿服务领域，你可能需要注意这些事：

保护自己

●每过一小时，抽出 10 — 20 分钟休息。

●正确穿着服装。

●天气不好的时候，中止活动，返回驻扎据点。

以受灾者的立场进行志愿服务

●受灾者的心情会十分混乱，留意你的用词和说话方式。

●避免在灾区拍照。

●有些物品是幸存者的回忆，整理时记得向他们确认是否要丢弃。

遵守集体活动规则

●灾害志愿者是集体活动，应听从领队的指示，以小组为单位展开行动。遇到无法解决的难题时，请联络你所在的志愿服务组织。

●请务必多人同行。离开负责的区域时，及时告知领队。

保持说“不”的勇气

●志愿者应尽量按照受灾者的要求行动，但如果被要求做你负责范围以外的事，请与你所在的志愿服务组织确认。

其他注意事项

●拒绝从事危险的工作、营利行为、政治或宗教活动。

●不要接受任何谢礼——但若是一杯慰劳的茶饮就安心喝吧！

●不要随意丢弃垃圾。

●保护受害者的隐私，不向媒体透露不准确的情报。

志愿活动时怎么穿

●穿着长袖长裤。

●戴帽子，以免中暑。

●灰尘较多时，戴上口罩（建议使用防雾霾口罩）。

●为了防滑，建议穿厚袜子，选择靴子或安全靴。如需在坎坷的废墟上行走，应在鞋底加一块铁板。

●为了保护双手，不让流汗影响工作，应戴上皮手套或橡胶手套。

资料来源：本页资料参考了日本熊谷市社会福祉协议会的灾害志愿者活动指南（http://www.kumagaya-shakyo.jp/volunteer/saigai-rule.html）、朝仓市灾害志愿者中心《志愿活动前必读！》（https://asakuravc.jp/wp-content/uploads/2017/07/volunteer.pdf）

如何寻找志愿者组织

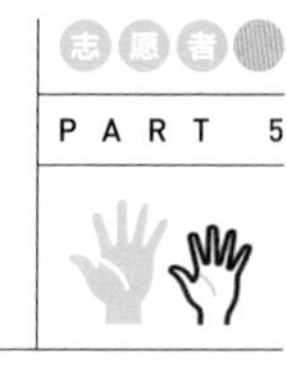

●你可以在微信、微博上搜索"所在的省份、自治区、直辖市＋志愿者"，寻找当地的志愿者组织。

●你也可以联系所在社区、街道办公室。

●如果你是一名大学生，可以联系你所在的高校。

●你可以以个人名义依法开展志愿服务行动，也可以与其他人结队。志愿者组织是救灾行动中一股不容忽视的力量。

政府、群众性团体及社会组织

中国共青团 www.ccyl.org.cn	中国红十字会 www.redcross.org.cn	中国红十字基金会 www.crcf.org.cn
中国儿童基金会 www.cctf.org.cn	中国扶贫基金会 www.cfpa.org.cn	中国志愿服务基金会 www.cvsf.org.cn
壹基金 www.onefoundation.cn	世界自然基金会网站 www.wwfchina.org	中华脊髓库 www.cmdp.org.cn
中国志愿者服务联合会 www.cvf.org.cn	中国青年志愿者网 www.zgzyz.org.cn	中国志愿者服务网 www.chinavolunteer.cn
上海志愿者网 www.volunteer.sh.cn	志愿北京 www.bv2008.cn	

信息平台

中国社会组织公共服务平台 www.chinanpo.gov.cn	中国发展简报 www.chinadevelop mentbrief.org.cn	公益中国网 www.pubchn.com
慈善中国 cishan.chinanpo.gov.cn		

资料来源：根据中国青年志愿者网、中国社会组织公共服务平台等发布的公开资料整理

防灾书单

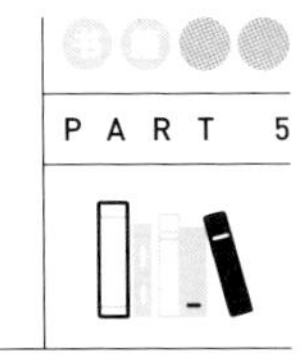

实用生存技能

《怀斯曼生存手册——终极指南》

作者约翰·怀斯曼是英国特种部队陆军特别空勤团(Special Air Service，SAS)前成员，在本书中，他将多年实战经验倾囊相授，旨在解决所有野外求生难题。

作者：[英]约翰·怀斯曼
译者：张万伟/于靖蓉
出版社：北方文艺出版社
定价：39.80元

《细节决定生死》

书中用图文对照的形式，教会你在非常时期如何逃生、避险，以及一些生存的知识和技巧，如怎样制作紧急厕所、处理粪便等，可以看作人类在恶劣环境中创造性的智慧应对。

作者：[日]草野薰/渡边实
译者：贺黎/梁嘉/侯玲
出版社：四川科技出版社
定价：27.00元

《东京防灾》

为应对首都直下型地震等各种灾害，东京都政府制作了《东京防灾》。这本防灾手册结合地域特性、都市结构以及居民生活方式，总结了灾害的事前准备、灾害发生时的应对措施，实用、简单、易懂。

编辑/发行：东京都总务局综合防灾部防灾管理课
协力：东京消防厅

扫码可查看、下载手册中文版全文

灾害纪实与理论

《我们为什么还没有死掉：免疫系统漫游指南》

本书带领读者进行了一次免疫系统漫游之旅，展示了免疫系统如何摧毁病原体，解释了为何我们在染病后还能存活。

作者：[澳]伊丹·本－巴拉克
译者：傅贺
出版社：重庆大学出版社
定价：52.00元

《大流感：最致命瘟疫的史诗》

作者依据大量的历史资料和数据，为我们再现了1918年的西班牙大流感。本书不只是简单讲述当时发生的事件，同时也是一部有关科学、政治和文化的传奇。

作者：[美]约翰·M. 巴里
译者：钟扬/赵佳媛/刘念
出版社：上海科技教育出版社
定价：98.00元

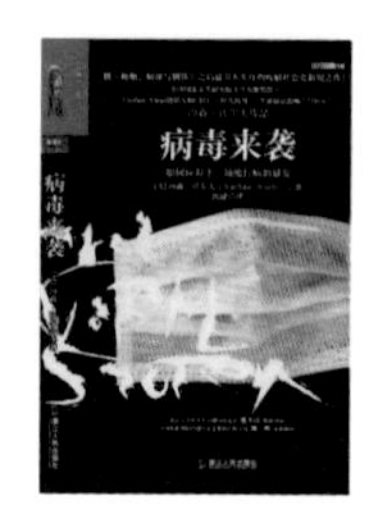

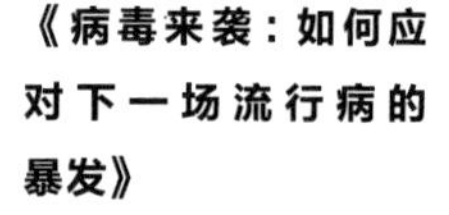

《病毒来袭：如何应对下一场流行病的暴发》

本书从物种进化的角度观察人与病毒的关系，审视当今社会、环境变迁对传染病流行的影响。作者强调了公共卫生事件中媒体的作用——保障公众知情权，告知公众应采取的必要防护措施。

作者：[美]内森·沃尔夫（Nathan Wolfe）
译者：沈捷
出版社：浙江人民出版社
定价：49.90元

当你在国内遇到紧急情况，可以拨打这些电话

报警电话	110
消防报警电话	119
医疗救援电话	120
道路交通报警电话	122
水上遇险求救电话	12395
天气预报热线	12121
报时服务热线	12117
森林防火报警电话	12119
红十字会紧急救援电话	999
蓝天救援队救援电话	4006009958（尾号谐音“救救我吧”）

注意，遇到以下危急情况也可以拨打 119：
地震等地质灾害，台风等气象灾害，爆炸等重大安全事故，矿难等生产安全事故，核泄漏等公共卫生事件，以及恐怖事件等。

打紧急救援电话时要提供这些信息

●用简练的语言说明自己的姓名、联系方式、确切地址、危急情况的性质、现场情况、有无人员受伤、伤势等。

●如无法确认确切地址，则需要尽可能清楚地描述所在位置的情况（如地标性建筑的模样等）及具体行走路线等，以便救援人员尽快搜寻并提供帮助。

●当你在海外遇到紧急情况时，你可以拨打当地的紧急求助号码，也可以拨打中国外交部全球领事保护与服务应急呼叫中心号码：+86-10-12308/+86-10-59913991。但如果你身在国外，不清楚当地的救援号码，或者遇到紧急情况且手机信号极其微弱时，可拨打国际紧急救援号码 112 。这个紧急救援专线将会自动为你转接当地的求援热线。

各机构联系方式

获取与灾害有关的信息，可咨询以下部门

中国应急信息网在线咨询	网址：http://www.emerinfo.cn
中国地震局	电话：12322
中国气象局	电话：400-6000-121
中华人民共和国自然资源部	电话：12336
中国红十字会	电话：010-84025890
中国疾病预防控制中心	电话：12320

查看与灾害有关的信息，可以关注这些网站

中华人民共和国应急管理部	https://www.mem.gov.cn
中国应急信息网	http://www.emerinfo.cn
国家减灾网	http://www.ndrcc.org.cn
中国地震局	https://www.cea.gov.cn
中国地震台网	http://news.ceic.ac.cn
中国地震灾害防御中心	http://www.eq-cedpc.cn
中国海洋减灾网	http://www.hyjianzai.cn
国家海洋环境预报中心	http://www.nmefc.cn
中国气象局	http://www.cma.gov.cn
国家卫星气象中心	http://www.nsmc.org.cn
中华人民共和国自然资源部	http://www.mnr.gov.cn
中国红十字会	https://www.redcross.org.cn
中国疾病预防控制中心	http://www.chinacdc.cn
中国国家应急广播网	http://www.cneb.gov.cn

灾害管理部门及信息平台社交媒体账号

名称	微博	微信公众号
中华人民共和国应急管理部	@应急管理部	中华人民共和国应急管理部
中国地震局	@中国地震局	中国地震局
中国地震台网中心	@中国地震台网	中国地震台网
自然资源部海洋减灾中心	-	平安之海
国家海洋预报中心（自然资源部海啸预警中心）	@国家海洋预报台	国家海洋预报台
中华人民共和国自然资源部	@自然资源部门户网站 / @自然资源部	自然资源部门户网站 / 自然资源部
中国气象局	@中国气象局	中国气象局
国家卫星气象中心	@风云气象卫星	风云卫星
国家预警信息发布中心	@国家预警发布	国家预警信息发布
中国红十字会	@中国红十字会总会	中国红十字会
中央人民广播电台国家应急广播	@国家应急广播	国家应急广播
中国疾病预防控制中心	@疾控科普	中国疾控动态

交通信息查询

●可关注这些微博账号：

@中国路网，@中国交通广播，@中国交通，@微博交通等。

●可关注这些微信公众号：中国交通通信信息中心、交通广播网、交通运输部等。

●各省市交通广播

全国各省市均设有各自的广播频率。比如，北京市交通广播为FM103.9，上海市为FM105.7。

国家应急广播

网站
http://www.cneb.gov.cn

官方微信
（CNEB_CNR）

注：中国各省市均设有当地的信息服务平台。可将个人所在地相关部门的联系方式存入个人通信工具，关注当地信息服务平台官网及新媒体平台的信息更新。

各类标志与信号

突发灾害预警信号

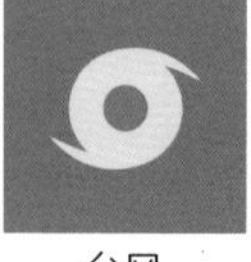
台风

暴雨

高温

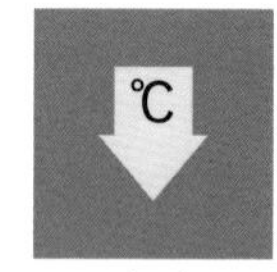

寒冷

大雾

灰霾

雷雨大风

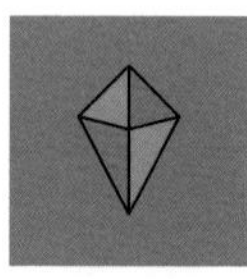
冰雹

道路结冰

森林火险

资料来源：中华人民共和国应急管理部，中国疾病预防控制中心

*根据《气象灾害预警信号发布与传播办法》，气象灾害预警信号的级别依据气象灾害可能造成的危害程度、紧急程度和发展态势一般划分为四级：Ⅳ级（一般）、Ⅲ级（较重）、Ⅱ级（严重）、Ⅰ级（特别严重），依次用蓝色、黄色、橙色和红色表示，同时辅以中英文标志。

应急避难场所标志

资料来源：国家应急广播网

使用场景索引

如果你一个人住

除了防灾信息
你可能尤其需要
注意外界联络
P73

如果你和家人住

除了防灾信息，
你可能尤其需要
注意物资储备
P60/62

如果家中有孕妇

你可能需要注意
这些：
P53/75/136

如果家有老年人

你可能需要注意

这些：

P53/75

如果你是旅行者

你可能需要注意

这些：

P75/165

如果家中有宠物

你可能需要注意

这些：

P55/70/97

我们商量好的避难场所

名称：

地址：

避难路线：

备选路线：

* 最好是日常生活中家庭成员都方便前往的地方。以防万一，准备多条避难线路。白天和晚上各走一次，沿途检查有无厕所、休息地、危险场所。一般情况下，如穿皮鞋，最多行走 10 公里；如穿布鞋等，最多行走 20 公里。

我们家人的联系方式

家庭成员职责分工

一旦遇到灾害，我们有以下分工

储备水和食物：

准备生活物资：

准备应急工具、药品：

检查应急包：

检查室内安全：

其他：

我的信息

姓名：

出生日期：＿＿＿年＿＿＿月＿＿＿日

血型：

过敏/慢性病史：

目前服用药物：

居住地址：

手机号码：

家庭电话号码：

身份证号：

学校或工作单位地址/电话：

紧急联系人/地址/电话：

其他：

家庭成员信息

姓名（注明拼音）：

与我的关系：

出生日期：＿＿年＿＿月＿＿日

血型：□A □B □0 □AB □RH+ □RH-

过敏/慢性病史：

目前服用药物：

居住地址：

手机号码：

学校/工作单位地址：

学校/单位电话：

身份证号：

姓名（注明拼音）：

与我的关系：

出生日期：＿＿年＿＿月＿＿日

血型：□A □B □0 □AB □RH+ □RH-

过敏/慢性病史：

目前服用药物：

居住地址：

手机号码：

学校/工作单位地址：

学校/单位电话：

身份证号：

家庭成员信息

姓名（注明拼音）：______	姓名（注明拼音）：______
与我的关系：______	与我的关系：______
出生日期：____年____月____日	出生日期：____年____月____日
血型：□A □B □O □AB □RH+ □RH-	血型：□A □B □O □AB □RH+ □RH-
过敏／慢性病史：______	过敏／慢性病史：______
目前服用药物：______	目前服用药物：______
居住地址：______	居住地址：______
手机号码：______	手机号码：______
学校／工作单位地址：______	学校／工作单位地址：______
学校／单位电话：______	学校／单位电话：______
身份证号：______	身份证号：______

家庭成员信息

姓名（注明拼音）：______	姓名（注明拼音）：______
与我的关系：______	与我的关系：______
出生日期：____年____月____日	出生日期：____年____月____日
血型：□A □B □O □AB □RH+ □RH-	血型：□A □B □O □AB □RH+ □RH-
过敏／慢性病史：______	过敏／慢性病史：______
目前服用药物：______	目前服用药物：______
居住地址：______	居住地址：______
手机号码：______	手机号码：______
学校／工作单位地址：______	学校／工作单位地址：______
学校／单位电话：______	学校／单位电话：______
身份证号：______	身份证号：______

REFERENCE SOURCES

••••PART 1 / 如果发生公共卫生事件，该怎么办

《张文宏教授支招防控新型冠状病毒》(2020)，张文宏，上海科学技术出版社

《北京市新型冠状病毒肺炎防控指引》(2020)，北京市疾病预防控制中心，北京教育出版社 北京出版社

中国疾病预防控制中心，http://www.chinacdc.cn/

世界卫生组织(WHO)，https://www.who.int/zh

国家卫健委权威医学科普项目传播网络平台“百科名医网”，https://www.baikemy.com/

北京市卫生健康委员会，http://wjw.beijing.gov.cn/sy_20013/

上海市卫生健康委员会，http://wsjkw.sh.gov.cn/index.html

《新型冠状病毒肺炎诊疗方案(试行第七版)》(2020)，中国国家卫生健康委员会，http://www.gov.cn/zhengce/zhengceku/2020-03/04/5486705/files/ae61004f930d47598711a0d4cbf874a9.pdf

Get Your Workplace Ready for Pandemic Flu (2017)，Centers for Disease Control and Prevention，https://www.cdc.gov/nonpharmaceutical-interventions/pdf/gr-pan-flu-work-set.pdf

•••••PART 2 / 以地震为例——你需要知道什么

《建筑工程抗震设防分类标准》(2008)，中华人民共和国住房和城乡建设部，中国建筑工业出版社

《建筑抗震设计规范》(2010)，中华人民共和国住房和城乡建设部，中国建筑工业出版社

《东京防灾》(2015)，东京总务局综合防灾部防灾管理科

中国地震局，https://www.cea.gov.cn/

中国地震台网，http://news.ceic.ac.cn/index.html?time=1584789397

中国地震科普网，http://www.dizhen.ac.cn/

中国应急信息网，http://www.emerinfo.cn/

上海市地震局，http://www.shdzj.gov.cn/gb/dzj/index.html

四川省地震局，http://www.scdzj.gov.cn/

美国国土安全局 Ready 运动官方网站，https://www.ready.gov/

国际消防员协会，https://www.iaff.org/

《地震灾后“隐形创伤”也需要心理救援》朱莉莎·特雷维诺（Julissa Trevino），BBC，www.bbc.com/ukchina/simp/amp/vert-fut-41610162

《家庭应急物资储备建议清单》（2014），北京市民政局，http://mzj.beijing.gov.cn/art/2014/5/26/art_371_297136.html

《地震救护知识》，中华人民共和国应急管理部新闻宣传司，https://www.mem.gov.cn/kp/zrzh/dzzh_3045/201904/t20190401_243397.shtml

PART 3 / 你可能遇到的其他灾害与突发状况

《高层建筑火灾的逃生》，中国政府网，http://www.gov.cn/ztzl/djfh/content_436210.htm

《四类灭火器的灭火原理和使用方法》，中国政府网，http://www.gov.cn/yjgl/2005-08/01/content_19044.htm

《高楼失火时应该往上跑还是往下跑？》，科普中国，http://www.xinhuanet.com/science/2019-07/05/c_138198881.htm

《室内火灾扑救知识的发展》，“橙色救援”微信公众号，http://cfbt-be.com/images/artikelen/artikel_01_CH.pdf

《消防栓使用方法？》，台北市政府消防局，https://www.119.gov.taipei/News_Content.aspx?n=FC0F783E4D3539F4&sms=F5ECFBDD66A58976&s=AD62ADA61F4FFBFA

《做好红十字会准备》，美国红十字会北加州沿海地区
https://www.redcross.org/content/dam/redcross/uncategorized/11/BePrepared-Guide-CHN-NCCR148816_web2.pdf

《英国政府家居用火安全文件》（2009），the Department for Communities and Local Government，https://www.ddfire.gov.uk/sites/default/files/attachments/Chinese_Bi-lingual_0.pdf

Guide for Emergency Preparedness and Correct Action in Emergency Situations(2018), Federal Office of Civil Protection and Disaster Assistance(BBK), https://www.bbk.bund.de/SharedDocs/Downloads/BBK/DE/Publikationen/Broschueren_Flyer/Fremdsprach_Publikationen/disasters_alarm_en.pdf?__blob=publicationFile
Pet Disaster Preparedness & Recovery，American Red Cross，https://www.redcross.org/get-help/how-to-prepare-for-emergencies/pet-disaster-preparedness.html
Evolution in the knowledge of interior firefighting, Karl Lambert, FirefighterCloseCalls
https://www.firefighterclosecalls.com/evolution-in-the-knowledge-of-interior-firefighting-by-karl-lambert/
Earthquake Safety，American Red Cross，https://www.redcross.org/get-help/how-to-prepare-for-emergencies/types-of-emergencies/earthquake.html#After
Landslides and Mudslides, Centers for Disease Control and Prevention (CDC), https://www.cdc.gov/disasters/landslides.html

《泥石流灾害国内外研究动态评述》(2015)，赵学宏、陈志、沈发兴，汉声出版社
《我国洪水灾害风险研究综述》(2019)，刘世强，甘肃农业杂志社
《核与放射性紧急事件应急指南》(2015)，红十字会与红新月会国际联合会

中国天气网，http://www.weather.com.cn/typhoon/tffy/04/380695.shtml
中国应急信息网，http://www.emerinfo.cn
科学松鼠会，https://songshuhui.net/archives/92782
美国卫生与公共服务部，https://www.cdc.gov/disasters/winter/beforestorm/preparehome.html
科普中国，http://www.xinhuanet.com/science/2019-05/10/c_138048903.htm
国家突发事件预警信息发布网

http://www.12379.cn/html/ggaq/shaqsjcs/2017/05/103805.shtml

全国自然灾害卫生应急工作指南，http://www.nhc.gov.cn/jnr/fzjzrfgxwj/201405/5cafe5cbf66b4e949975b7e7ef9c9447.shtml

加拿大经济保险（Economical Insurance），https://www.economical.com/en/blog/economical-blog/july-2017/before-during-and-after-a-tornado

美国国家海洋与大气管理局（National Oceanic and Atmospheric Administration），https://www.weather.gov/safety/hurricane-plan

NHK 备灾汇总（NHK そなえる防災），www.nhk.or.jp/sonae/sp/

韩国国民灾难安全门户网站（국민재난안전포털），www.safekorea.go.kr

美国红十字会（American Red Cross），www.redcross.org

《加拿大冬季驾驶贴士 / 冬季求生工具包》福特汽车，https://fordtodealers.ca/winter-survival-kit/?lang=zh-hans

《科普：遇到拥挤踩踏事故怎么办？》，人民网，http://scitech.people.com.cn/GB/10534897.html

《专家：如何预防和应对踩踏事故》，新华网，http://www.xinhuanet.com//politics/2015-01/02/c_1113853659.htm

If a nuclear weapon is about to explode, here's what a safety expert says you can do to survive，Dave Mosher，Business Insider，https://www.businessinsider.com/survive-nuclear-explosion-go-inside-shelter-no-windows-2018-1

壹基金公益会，http://www.onefoundation.cn/ertongpingan/m/article_show-knowledge-182-0.html

PART 4 / 应急手册——各种紧急对策

《自然灾害与相关疾病防范》（2013），周祖木主编，人民卫生出版社

《中国居民膳食指南》（2016），中国营养学会

《荒野求生秘技》（2012），戴戴夫·皮尔斯，人民邮电出版社

Guide for Emergency Preparedness and Correct Action in Emergency Situations (2019), Federal Office of Civil Protection and Disaster Assistance (BBK)

中国国家应急广播，http://cneb.gov.cn/

中国应急信息网，http://www.emerinfo.cn/

中国营养学会官网，https://www.cnsoc.org/

NHK《防灾第一线》广播节目，https://www3.nhk.or.jp/nhkworld/zh/ondemand/category/29/?type=clip&

中国国家应急广播网应急视频，http://www.cneb.gov.cn/yingjishipin/

重庆市疾病预防控制中心的洪水后的食品安全消费指引，http://www.cqcdc.org/mobile/item.asp?id=1149

美国北卡罗来纳州州立大学扩展网的清洗消毒餐具指南，https://content.ces.ncsu.edu/washing-and-sanitizing-kitchen-items

活日本：在受灾地生活中可用的设计 / 饮食物资，https://sites.google.com/site/oliveinchinese/inryou/mizu/inryou-sui-wo-tsukuru-houhou

How to Escape From a Building Using Bedsheets，The ArtofManliness，https://www.artofmanliness.com/articles/escape-building-using-bedsheets/

PART 5 / 你可能需要了解的相关知识

《创伤后应激障碍诊断的研究进展》(2019)，张红霞

《创伤后应激障碍》(2018)，纽约州心理健康办公室

《做好红十字会准备》(2019)，美国红十字会北加利福尼亚州沿海地区分会

《东日本大地震：岩手县、宫城县、福岛县的志愿者活动人数》(2018 年)，日本全国社会福祉协议会

中国地质科学院地质研究所，http://www.igeo.cgs.gov.cn/

福建省数字地震科普馆，http://www.fjdspm.com/

中国气象局，http://www.cma.gov.cn/

香港天文台，https://www.hko.gov.hk/tc/index.html

国际气象组织，http://severeweather.wmo.int/tc/wnp/acronyms.html#TS

中华人民共和国民政部，http://www.mca.gov.cn/article/fw/bmzn/shjz/

各地社会救助服务热线，http://hotline.treeyee.com

中国政府网，http://www.gov.cn/zwgk/2014-02/27/content_2622770.htm

中华人民共和国人力和资源社会保障部官网，http://www.mohrss.gov.cn

全国学生资助管理中心，http://www.xszz.cee.edu.cn

全国社区心理援助中心，http://www.xinliyuanzhu.com.cn/

中国发展简报网，http://www.chinadevelopmentbrief.org.cn/

中国法律服务网，http://www.12348.gov.cn/#/homepage

纽约州心理健康办公室，https://www.ny.gov

中国社会组织公共平台，www.chinanpo.gov.cn

中国社会组织公共平台大数据，http://data.chinanpo.gov.cn/

中华人民共和国应急管理部，https://www.mem.gov.cn/

中国疾病预防控制中心，http://www.chinacdc.cn/

国家应急广播网，http://www.cneb.gov.cn/

《解读中国地震带》，《中国国家地理》，2008 年第 6 期

《中国主要地震带分布》，中国水利水电科学研究院，http://www.iwhr.com/zgskyww/ztbd/wcdz/dzkp/webinfo/2008/05/1273896623258997.htm

熊谷市社会福祉协议会的灾害志愿者活动指南，http://www.kumagaya-shakyo.jp/volunteer/saigai-rule.html

NHK《防灾第一线》广播节目，https://www3.nhk.or.jp/nhkworld/zh/ondemand/audio/bosai-20181114-1/

《志愿活动前必读！》，朝仓市灾害志愿者中心，https://asakuravc.jp/wp-content/uploads/2017/07/volunteer.pdf

图书在版编目（CIP）数据

防灾，原来如此! / 赵慧 主编. 一 北京：东方出版社, 2020.7

ISBN 978-7-5207-1536-2

Ⅰ. ①防… Ⅱ. ①上… Ⅲ. ①防灾－手册 Ⅳ. ①X4-62

中国版本图书馆CIP数据核字（2020）第085495号

防灾，原来如此!
（FANGZAI, YUANLAI RUCI!）

主　　编：赵　慧
出版统筹：吴玉萍
责任编辑：赵爱华　杨袁媛
责任审校：孟昭勤　曾庆全
出　　版：东方出版社
发　　行：人民东方出版传媒有限公司
地　　址：北京市东城区朝阳门内大街166号
邮　　编：100010
印　　刷：北京联兴盛业印刷股份有限公司
版　　次：2020年7月第1版
印　　次：2023年2月第5次印刷
开　　本：787毫米×1092毫米　1/32
印　　张：6
字　　数：127千字
书　　号：ISBN 978-7-5207-1536-2
定　　价：49.00元
发行电话：（010）85924663　85924644　85924641

未来预想图

《第一财经》生活方式项目·未来预想图

联合专家团队，与你一起未雨绸缪。

防灾自救，从身边开始准备！

我们的线上推送

我们出版的书籍

上架建议：大众 生活

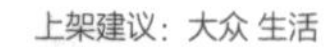
ISBN 978-7-5207-1536-2

定价：49.00 元